평화전망대

월정리역
(두루미전시관)          제2땅굴

열쇠전망대          노동당사

신탄리역          철원

태풍전망대

제1땅굴          연천

판문점

제3땅굴
도라산역
임진각          파주

평화전망대

연미정

오두산 통일전망대

애기봉전망대

전류리 포구          강화

김포

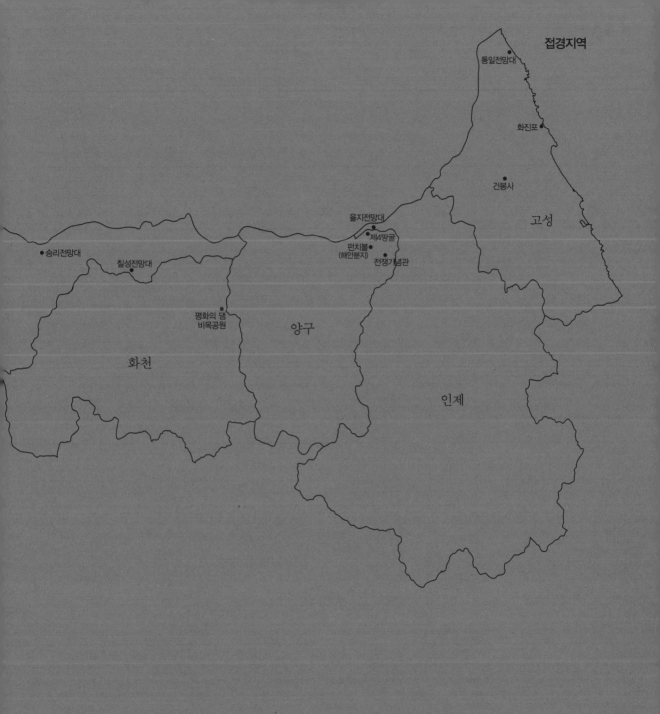

접경지역

통일전망대

화진포

건봉사

고성

을지전망대

승리전망대

칠성전망대

제4땅굴

펀치볼
(해안분지)

전쟁기념관

평화의 댐
비목공원

양구

화천

인제

DMZ, 유럽행 열차를 기다리며

# DMZ,
# 유럽행 열차를 기다리며

김호기 · 강석훈의 현장에서 쓴 비무장지대와 민통선 이야기

글 _ 김호기 · 강석훈 · 이윤찬 · 김환기
사진 _ 이상엽 · 조우혜

플래닛미디어
Planet Media

# DMZ에 유럽행 열차가 다닐 날을 꿈꾸며

● 이번 기행은 다음과 같이 이뤄졌다. 지난 2월 김호기는 《이코노미스트》 허의도 대표와 플래닛미디어 김세영 사장으로부터 비무장지대(DMZ)* 일원의 탐사를 제안받았다. 김호기는 강석훈에게 이를 다시 제안했고, 강석훈은 기꺼이 수락했다. 여기에 이윤찬과 김환기, 그리고 이상엽과 조우혜가 전격 합류함으로써 '비무장지대 탐사팀'을 구성했다.

국방부, 강원도, 교보문고의 지원을 받아 우리는 지난 5월 19일 김포와 강화 기행으로 시작해 9월 3일 파주 기행을 마지막으로 4개월 가까이 비무장지대와 민통선을 찾아다녔다. 김포에서 고성까지 155마일(248km)에 더하여 강화도까지 찾아간 것이니 결코 짧은 거리는 아니었다. 대개는 새벽에 서울을 출발해 한밤에 돌아왔지만, 양구와 인제, 그리고 고성은 1박 2일로 둘러보기도 했다.

이 기행에서 우리가 염두에 두었던 것은 비무장지대와 민통선 지역을 탐사해 이 지역의 과거와 현재 그리고 미래를 다각도로 살펴보는 데 있었다. 비

* **비무장지대**(DMZ, demilitarized zone) 국제연합군·조선인민군·중국인민지원군이 6.25전쟁의 휴전에 합의하며 적대행위로 인한 전쟁 재발을 막기 위해 한반도 중앙을 동서로 가로질러 만들어놓은 비무장·비전투 지역. 군사분계선을 중심으로 남쪽 2km 지점을 남방한계선, 북쪽 2km 지점을 북방한계선이라고 하는데, 남방한계선과 북방한계선 사이의 4km가 비무장 DMZ이다.

무장지대 일원은 이중적 의미를 갖고 있는 공간이다. 먼저 비무장지대 일원은 한국전쟁이 이 땅에 남긴 가장 큰 상흔의 하나다. 휴전선, 군사분계선, 비무장지대, 민통선*은 분단의 현실을 증거하는 징표들이며, 정전협정이 아니라 '휴전'협정이라는 말이 상징하듯 한반도에서 전쟁이 여전히 진행형임을 보여준다.

동시에, 비무장지대 일원은 새로운 평화와 번영, 그리고 생태의 거점으로 주목받고 있다. 전쟁과 분단에서 평화와 통일로의 패러다임 전환이 현재 한반도에 부여된 최대 과제 중 하나라면, 비무장지대 일원은 바로 평화와 번영의 한반도로 가는 일차적인 시험대라 하지 않을 수 없다. 더욱이 이 지역은 지구적 차원에서 생태의 새로운 보고로 평가되고 있기도 하다.

4개월 동안 우리가 찾아다녔던 비무장지대 일원에는 여러 시간들이 공존하고 있었다. 남과 북이 팽팽히 대치하는 '과거의 시간'이 여전히 지속되는 동시에, 평화와 번영이 움트고 꿈틀거리는 새로운 '미래의 시간'이 시작되고 있기도 했다. 여행 초기에는 이런 공존이 우리를 혼돈스럽게 했지만, 이런 '부조화의 조화'가 바로 비무장지대 일원의 현주소라는 것을 서서히 깨닫게 됐다.

더없이 아름다운 자연경관과 빠르게 확산되는 개발 붐, 끊어진 철원의 5번 국도와 유럽행 열차를 꿈꾸는 연천의 신탄리역, 펀치볼이 내려다보이는 양구 가칠봉전망대와 신 성장의 거점인 파주 엘씨디(LCD) 단지가 공존하는 풍경들을 바라보면서 우리는 분단의 현실과 통일의 이상을 생생히 목도하고, 전쟁의 참혹함과 평화의 소중함을 새롭게 성찰하게 됐다. 여행을 시작할 때 비무장지대는 우리 밖의 풍경이었으나, 여행이 진행되는 과정 속에서 그것은 바로 우리 안의 풍경임을 새롭게 발견하게 됐다.

이 책은 지난 6월부터 9월까지 경제주간지 《이코노미스트》에 연재된 것을 다소 수정한 것이다. 여행 일정에 따라 책의 순서는 김포와 강화에서 연천,

* **민통선** 군사시설 보호와 안보를 목적으로 남방한계선 바깥 남쪽으로 만든 5~20km의 민간인 통제선. 사유 재산권이 제한되고, 민간인의 출입도 통제되어 군 당국의 허가를 받아야만 들어갈 수 있다.

철원, 화천, 양구와 인제, 고성, 그리고 파주 기행으로 했다. 책으로 만드는 과정에서 이윤찬과 김환기의 원고를 크게 줄일 수밖에 없게 된 것이 안타깝다. 이 책에 실린 사진들은 이상엽과 조우혜가 동행하면서 카메라에 담은 것이다. 우리에게 놀라움, 아름다움, 그리고 안타까움을 동시에 안겨준 풍경들 가운데 일부만을 싣게 돼 아쉬움이 결코 작지 않다.

긴 여행을 마치고 돌아와 책으로 펴내기 위해 글들을 다시 정리해보니 비무장지대 일원에 대한 더욱 체계적이고 심층적인 조사와 연구가 필요하다는 것을 다시 한 번 생각하지 않을 수 없다. 통일이 우리 사회에 부여된 중대 목표 중 하나라면, 이를 위해서는 무엇보다 접경 지역을 이루는 비무장지대 일원에 대한 더 많은 관심과 배려가 요구된다. 모쪼록 이 책이 한국전쟁 60년을 맞이하는 현재, 이 지역에 대한 사회적 관심을 높이는 데 작은 도움이 될 수 있기를 바란다.

그동안 이 기행에 도움을 준 분들께 감사드리고 싶다. 해병대 김태은 대령, 추광호 소령, 박성춘 중위(김포와 강화), 25사단 김정애 대위, 28사단 한주희 중위, 5사단 황태성 중위(연천), 6사단 김종열 중위, 3사단 박윤미 중위(철원), 15사단 황지훈 중위, 7사단 강은진 중위(화천), 2사단 이진우 중위, 21사단 위진 중위, 12사단 이은보라 중위(양구와 인제), 22사단 신지운 중위(고성), 유엔사 김영규 공보관, 1사단 김호철 원사, 남북출입사무소 문대근 소장(파주)에게 깊은 감사를 드린다.

국방부 대변인실의 원태재 대변인, 유균혜 과장, 김경욱 사무관, 교보문고 김성룡 대표이사, 그리고 플래닛미디어 김세영 사장과 《이코노미스트》 허의도 대표에게도 깊은 감사를 드린다. 특히 김경욱 사무관은 세심하면서도 유쾌하게 여행 전체를 안내했고, 김세영 사장은 여행을 차분히 이끌어주셨으며, 허의도 대표는 철원과 고성 지역 여행에 흔쾌히 동행해주셨다.

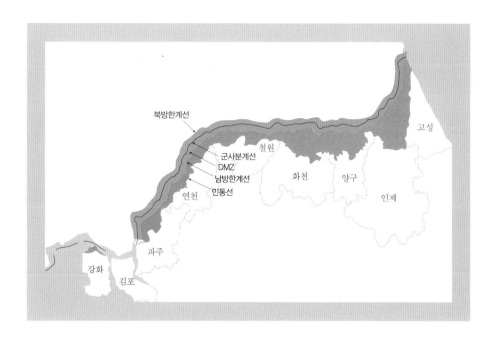

북방한계선

군사분계선
DMZ
남방한계선
민통선

고성

철원

화천        양구

연천                        인제

파주

강화

김포

　가장 감사를 드리고 기억해야 할 이들은 비무장지대와 민통선 일원에서
우리가 만났던 이들이다. 비무장지대를 밤새워 지키는 사병과 장교, 민통선
지역을 삶의 터전으로 해 묵묵히 살아가는 주민들은 우리에게 같은 시간, 같
은 공간을 살아가는 동시대인들의 소중함을 새삼 일깨워줬다. 비무장지대와
민통선에 대한 우리의 글과 사진에 그들의 느낌과 생각을 더하고자 노력했지
만, 그것이 제대로 잘 이뤄졌는지는 다소 걱정이 앞선다.

　가을이 성큼 다가오는데 지금쯤 비무장지대에는 고라니 울음소리 높아지
고 녹음은 단풍으로 바뀌어가고 있을 것이다. 여행을 끝낸 지 3주밖에 되지
않았는데 벌써 그곳 풍경들이 그리워진다.

2009년 9월
필자들과 사진작가들을 대표하여
김호기, 강석훈

DMZ, 유럽행 열차를 기다리며
# 차례

# 김포·강화

연백군

예성강

개풍군

파주시
장단면

평화전망대

양사면

승천포

은암자연과학박물관

송해면

유도

조강리

교동도

하점면

연미정

강화읍

오두산
통일전망대

임진강

내가면

강화

애기봉전망대

하성면

78

월곶면

석모도

불은면

선원면

전류리 포구

56

통진읍

48

78

양도면

염하

김포

한강

화도면

길상면

대곶면

양촌면

# 김포와 강화에서 꿈꾸는 동북아의 미래

2010년은 한국전쟁이 일어난 지 60년이 되는 해이다. 돌아보면 한국전쟁은 해방, 산업화, 민주화와 함께 우리 현대사의 큰 전환을 이뤘던 역사적 일대 사건이다. 북한의 남한 침략으로 시작된 전쟁은 한반도 전체를 폐허로 만들었으며, 막대한 인명 피해를 가져왔다.

국방부 국방군사연구소(현 군사편찬연구소)가 1997년에 펴낸 『한국전쟁』에 따르면, 전쟁 중 전체 인명 피해는 유엔군과 중국군을 포함해 군인 322만 명, 그리고 민간인 249만 명에 달했다. 한국전쟁은 결코 일어나지 말아야 했을 비극 그 자체였다.

인명뿐만이 아니다. 우리가 살아가던 공간에도 한국전쟁은 크나큰 상흔을 남겼다. 우리가 살던 거처들이 파괴되고 기반시설들이 훼손됐다. 산과 들도 마찬가지였다. 치열한 전쟁의 공방전은 자연을 파괴하고 생명을 앗아갔다. 1953년 7월 포성은 그쳤지만, 전쟁은 너무도 깊은 상흔을 우리 땅, 우리 산하

앞의 사진 강화의 논 강화도와 인근 교동도에서는 양질의 미곡이 풍부하게 생산된다. 특히 민통선 안에서는 기계화를 통해 소수의 농민들이 많은 양의 쌀을 생산한다. ⓒ이상엽

에 남겨 놓았다.


## 비무장지대와 민통선을 찾아서

민통선은 한국전쟁이 이 땅에 남겨 놓은 상흔의 하나다. 1953년 7월 27일 휴전협정에 따라 한반도에는 남한과 북한의 접촉선을 군사분계선*으로 해 여기로부터 동일하게 2km씩 물러나 비무장지대(DMZ)를 만들었다. 155마일의 휴전선이 그어진 셈이었다.

1954년 2월 당시 미국 육군사령관 직권으로 휴전선 일대의 군사작전과 군사시설 보호, 그리고 보안유지를 목적으로 남방한계선** 바깥으로 5~20km의 보이지 않는 선을 그어 민간인의 출입을 통제했다. 이 선이 바로 민간인통제구역선, 즉 민통선이다.

민통선은 말 그대로 민간인의 출입을 통제하고 있기 때문에 특별한 사유가 없는 한 일반 국민이 들어갈 수 없는 곳이다. 말로만 듣던 민통선을 내가 처음 대면한 것은 대학을 다니던 1980년대 초반이었다. 경기도 파주 임진각에 갔을 때 비로소 나는 민통선 앞에 서 있음을 알았다. 허락을 받지 않고서는 건너갈 수 없는 다리가 그곳에 놓여 있었다.

민통선이 고정돼 있던 것은 아니다. 1990년대 들어 국방부가 민통선의 범위를 대폭 북쪽으로 상향 조정해 총 111개 마을 3만 7,000여 명 가운데 51개 마을 1만 9,000여 명이 자유롭게 통행할 수 있게 됐다. 또한 인근 주민들이 일정한 절차를 거치면 민통선 안에서 농사를 지을 수 있게 되기도 했다.

개인적으로 유학을 마치고 돌아와 형님들과 더러 강화도로 낚시를 다니면서 민통선을 다시 만나게 됐다. 강화도 북단은 박완서의 「엄마의 말뚝」 연작에 나오는 철산리가 있는 곳이기도 하다. 정말 그곳에 가면 한강 너머 경기도

* **군사분계선** 전쟁 중인 쌍방의 협정에 따라 설정한 군사 활동의 한계선.
** **남방한계선** 군사분계선에서 남쪽으로 2km 떨어진 곳에 동서로 155마일에 걸쳐 그어진 선.

개풍군을 바라볼 수 있을지 궁금했다. 숭뢰수로에서 창후리수로까지 여기저기 낚시대를 메고 돌아다녔어도 철산리에는 한 번도 들어갈 수가 없었다.


## 김포와 애기봉전망대

강화도 읍내를 지나 창후리 쪽으로 가다 보면 송해면으로 들어가는 삼거리가 나온다. 그 길을 달리다 보면 왼편에 은암자연과학박물관이 보인다. 몇년 전 어느 해 여름 그곳을 찾은 적이 있었다. 박물관 입구에 서니 저 멀리 개풍군 산들이 보였다. 조금 더 들어가서 박완서를 마음 아프게 했던 그 풍경을 나 역시 바라보고 싶었지만, 민통선을 지키는 검문소가 여전히 가로막고 있었다.

지난 2월 《이코노미스트》가 민통선을 직접 방문하는 기획을 제안해 왔을 때 동의한 이유도 바로 이런 맥락에 있다. 한국전쟁이 끝난 지 60년에 가까워지는 현재, 비무장지대와 민통선이 우리에게 주는 의미가 무엇인지를 살펴보기 위해 우리는 국방부의 도움을 받아 비무장지대 여행을 시작하기로 했다.

서쪽 끝 강화에서 동쪽 끝 고성에 이르는 결코 짧지 않은 여행을 통해 우리는 이 지역이 우리 사회에 주는 역사, 경제, 생태, 그리고 평화의 의미를 살펴보고 싶었다.

첫 번째 여행에서 가장 먼저 찾은 곳은 김포였다. 전류리 포구를 찾았다. 전류리 포구는 숭어와 황복을 잡는 한강 하구의 마지막 포구다. 오래전 수운이 한창이었을 때 여기 한강에는 고깃배와 세곡선이 가득했고, 배꾼들이 부르는 노랫소리가 크게 울려 퍼졌다고 한다. 근대화와 더불어 수운이 퇴락한 탓도 있지만 분단은 한강을 이렇게 조용하고 쓸쓸한 강으로 만들었다.

김포반도 끝에 위치한 애기봉전망대를 찾았다. 산길을 오르는데 초록은

**박명의 해안선** 오전 5시, 해가 떠오르기 직전에 인간의 눈은 가장 둔감해진다. 해병대 병사들이 이 철책을 일일이 점검하고 있다. ⓒ이상엽

녹음으로 짙어져가고 있었다. 애기봉전망대는 1966년 박정희 대통령이 세운 전망대다. 전망대에 오르면 한강 너머 개풍군 땅을 바라볼 수 있다. 오른편으로는 멀리 한강과 임진강의 합수 지점이 보였고, 왼편으로는 김포와 강화 사이에 위치한 유도留島가 눈에 들어왔다.

학섬 또는 뱀섬이라고도 불리는 유도가 우리의 시선을 끈 것은 1996년이었다. 그해 여름 폭우에 휩쓸려 북한 소가 떠내려와 이 섬에 갇혀 지내게 됐는데, 우리 군이 북한에 유도 상륙을 통보한 뒤 이 소를 구출해낸 적이 있었다. 이 소는 '평화의 소'라고 불렸다.

이 평화의 소는 치료를 받은 후 제주도 우도로 가 그곳에서 평화의 소의 후손들을 적잖이 낳았다고 한다. 이렇게 사소한 동물의 이름에도 평화에 대한 우리의 간절한 염원이 담겨 있는 셈이다.


## 강화도와 영재 이건창

전망대 식당에서 아침을 먹은 다음 우리는 강화대교를 건넜다. 좁은 염하鹽河를 건너면서 새삼 강화도가 우리 역사에서 차지하는 의미를 생각하지 않을 수 없었다. 남쪽 마니산 정상에 있는 제천단에서 고려 후기 대몽 항쟁의 거점에 이르기까지 강화도는 우리 역사와 언제나 함께했다.

강화도가 역사의 전면에 다시 부상한 것은 조선 후기였다. 읍내 한편에는 철종이 재위 전에 살던 집이 용흥궁이란 이름의 유적지로 남아 있다. 바로 이 철종 때부터 강화도는 열강들의 함선과 포성으로 휩싸이기 시작했다. 그것은 대원군이 권력을 잡고 있던 고종 재위 초기에 병인양요, 신미양요로 절정에 달했다. 좁은 해협을 사이에 두고 김포 반도와 마주 보는 광성보와 초지진에는 아직도 그 당시 치열했던 전투의 흔적이 남아 있다.

바로 이 시대는 내가 가장 존경하는 지식인 중 한 사람인 영재寧齋 이건창이 활동했던 시기이기도 하다. 영재는 매천梅泉 황현, 창강滄江 김택영과 함께 구한말 한시 3대가로 꼽히는 시인이자 유명한 『당의통략』의 저자이기도 하다.

초지진에서 해안도로를 따라가다가 선두포구를 지나 쪽실 수로에서 동막해수욕장 쪽으로 조금 더 가면 사기리라는 한적한 마을이 나온다. 영재가 태어난 생가가 있는 곳이다.

영재가 대면한 상황은 서구의 물결이 빠른 속도로 밀려오는데 전통은 여지없이 무너지고 있는 풍전등화의 조선 사회였다. 이런 상황 속에서 영재가 선택한 길은 '강화학', 즉 양명학에 기반을 둔 개혁노선이었다.

이 길은 위정척사를 주도한 정통 주자학의 길과도 다르고 갑신정변을 주도한 개화파의 길과도 다르다. 이 길은 전통을 쇄신하려고 했다는 점에서 전통의 개혁노선이자, 서구 열강 세력을 거부하고자 했다는 점에서 선구적인 민족주의 노선이기도 하다.

영재의 길은 전통에서 근대로의 대전환이라는 거대한 역사적 소용돌이 속에서 결국 좌절될 수밖에 없었다. 영재 자신이 서양의 실체를 몰랐을 리 없었겠으나, 돌아보면 당시의 서세동점西勢東漸은 결코 감당하기 쉽지 않은 거대한 물결이었다.

선비로서의 지조와 절개를 지키면서 자주적인 개혁을 모색한다는 것은 참으로 어려운 일이다. 역사의 흐름은 이미 근대로 넘어가고 있다는 것, 과거는 이미 지나간 과거일 뿐이라는 것, 연속보다는 단절이 시대의 대세라는 것, 이런 도도한 흐름 앞에서 비 서구사회의 지식인이 가져야 할 진리의 좌표를 찾기란 참으로 지난한 일이었다.

## 승천포에서 바라본 개풍군

　이런저런 생각들을 떠올리며 가다 보니 몇 년 전 찾아온 적이 있는 은암자연과학박물관 앞에 다시 서게 됐다. 저 멀리 보이는 개풍군 산들은 그대로였다. 검문소를 통과해 먼저 산이포를 찾았다.

　한강 수운이 활발히 이용될 때 산이포는 인가가 100채나 들어선 제법 큰 포구였다고 한다. 하지만 지금은 아무것도 남아 있지 않은 허허벌판일 뿐이었다. 산이포 부근에 차를 주차해놓고 바다 너머 개풍군을 바라봤다. 감개가 무량하지 않을 수 없었다. 20년 만에 결국 나는 이렇게 철산리에 오게 된 것이다.

　이번엔 승천포를 찾았다. 승천포는 고려 고종이 개경을 떠나 강화도로 천도할 때 도착한 포구다. 당시에는 그럴듯한 마을이 있었겠지만, 지금은 모내기를 앞둔 논만이 펼쳐져 있었다. 800년에 가까운 시간이 지났으니 산천이 변한 것은 당연할 터다. 포구 앞 언덕 아래 고종의 도착과 대몽 항쟁을 기념하는 비석만이 외롭게 서 있을 뿐이었다.

　좁은 바다 너머 북한 땅이 아주 가깝게 보였다. 철망 앞에 서서 한동안 바다 너머 북녘 땅에 시선을 고정한 채 「엄마의 말뚝」을 다시 한 번 떠올렸다. 남편이 죽은 이후 자신의 절대 신앙이었던 아들을 잃은 다음 어머니가 보여준 모습은 감동적이다.

　서울이 수복된 후 가매장한 아들의 시신을 화장한 다음, "강화도에서 내린 어머니는 사람들에게 묻고 물어 멀리 개풍군 땅이 보이는 바닷가에 섰다. 그리고 지척으로 보이는 갈 수 없는 땅을 향해 그 한 줌의 먼지를 훨훨 날렸다. … 어머니는 한 줌의 먼지와 바람으로써 너무도 엄청난 것과의 싸움을 시도하고 있었다. … 그야말로 어머니를 짓밟고 모든 것을 빼앗아간, 어머니가 도저히 이해할 수 없는 분단이란 괴물을 홀로 거역할 수 있는 유일한 수단이었다."(「엄마의 말뚝 2」)

돌아보면 우리의 현대사만큼 격정적인 역사는 없다. 1945년 8월 15일과 1948년 8월 15일, 일제 식민지에서 해방되고 대한민국 정부 수립이 이뤄진 이 두 날의 의미는 말 그대로 빛을 다시 찾은 광복光復이었다.

하지만 광복의 환희를 느끼던 당시 한반도를 포함한 동북아시아는 냉전시대로 빠르게 재편되고 있었다. 이웃 일본에서는 우리처럼 미군정이 실시되었고 중국에서는 내전이 절정으로 치닫고 있었다. 그리고 한반도에는 분단의 그림자가 서서히 짙어져가고 있었다.

안타까운 것은 당시 급변하는 동북아 정세에 우리가 피동적으로 대처할 수밖에 없었다는 점이다. 좌우합작과 남북협상이 추진됐지만 우리의 주체적 역량은 객관적 상황에 압도됐다. 결국 1950년 6월 25일 북한의 남침으로 한국전쟁이 발발하고 분단은 더욱 고착될 수밖에 없었다. 동북아는 냉전의 진열창이 됐으며, 우리 사회는 그 속에서 산업화와 민주화의 대장정에 올랐다.

무릇 모든 일에는 첫 단추를 꿰는 게 중요한 법인데, 해방 이후 우리의 '나라 만들기'는 처음부터 적잖이 버거운 상황 아래 놓여 있었다. 주체적 역량과 객관적 조건의 상호작용을 통해 이뤄지는 게 역사라면, 당시 우리의 주체적 조건은 여전히 큰 안타까움으로 남아 있다.

## 동북아의 새로운 거점으로서의 강화

승천포를 뒤에 둔 채 우리는 양사면을 가로질러 갔다. 제법 넓은 평야가 펼쳐져 있었다. 이 땅 어디서나 볼 수 있는 한갓진 전원 풍경이었다. 하지만 이곳이 민통선이라는 생각은 그 한가로움에 고적함을 더했다.

제적산 정상에 있는 평화전망대에 올랐다. 이 전망대는 지난해 지하 1층, 지상 4층의 규모로 건립해 개관됐다. 임진강과 합류한 한강이 이제 다시 예성강과 합류하는 지점이 눈에 가득 들어오고, 그 너머로 왼쪽에는 연백군이, 오른쪽에는 개풍군이 펼쳐져 있었다.

오래전 예성강 안쪽에는 벽란도가 있었다. 역사 기록을 보면, 고려 시대 당시 송나라, 일본, 멀리 페르시아 상인들까지도 저곳 예성강을 출입했으며, 벽란도는 국제무역항구로 이름을 떨쳤다. 상상컨대 좁은 바다 이편인 강화도 역시 당시 외국인들의 출입이 빈번했을 것이다.

역사는 반복되지 않는다지만 여기 강화도는 고려시대와 개항시대에 이어 최근 다시 동북아의 새로운 거점으로 주목받아왔다. 좁게는 서울과 인천, 그리고 개성을 잇는 한반도 트라이앵글의 거점이, 넓게는 한국과 중국을, 나아가 일본을 포괄하는 황해경제권의 거점이 바로 여기 강화일 수밖에 없으며, 눈앞에 펼쳐진 한강과 임진강과 예성강이 합류하는 이곳이 그 거점의 중핵일 수밖에 없다.

한반도가 동북아로 나가는 출구이자 동북아가 한반도로 들어오는 입구가 다름 아닌 여기 강화 앞바다다. 바로 이 점에서 강화도는 우리에게 동북아의 새로운 전초기지라 할 만하다.

한반도의 과거와 현재, 그리고 미래가 동북아의 지역적 조건 아래 놓여 있음은 자명한 사실이다. 구한말이 그러했고, 해방공간이 그러했고, 21세기 벽두 현재 역시 그러하다. 세계화와 정보화도 동북아라는 프리즘을 통해 분광分光되는 동시에 동북아는 우리가 세계로 나갈 수 있는 중요한 통로 가운데 하나다.

보는 이에 따라서는 물론 동북아 시대가 다소 비현실적인 구상으로, 공연히 이웃나라들을 자극하는 담론으로 비칠지도 모른다. 또 무한경쟁의 세계화 시대에 동북아가 갖는 중요성은 약화되고 있다고 볼 수 있을지도 모른다.

하지만 이런 생각들은 동북아의 지역적 조건이 우리 사회에 미치는 영향을

김포 전류리 포구 해병대가 지키는 한강 하구에 위치한 마지막 포구다. 총 27척의 어선이 허가를 받고 주로 황복이나 참게를 잡는다. 이 지역 아래로는 배가 다니지 못한다. ⓒ조우혜

과소평가하는 이야기다. 국가의 기본을 이루는 외교와 국방은 물론 경제와 문화에 이르기까지 좋든 싫든 이웃 중국과 일본을 배제하고는 우리 사회의 현재와 미래를 진단하고 구상할 수 없는 것이 현실적인 조건이라 할 수 있다.


분단의 바다에서 평화와 번영의 바다로

제적산에서 내려와 늦은 점심을 먹은 다음 인화리로 향했다. 지난해 착공된 교동대교 현장을 보기 위해서였다. 2012년 완공 예정인 교동연륙교는 양사면 인화리와 교동면 봉소리를 연결하는 다리다.

이 다리가 건설되면 교동도는 더 이상 섬이 아니다. 강화도를 통해 교동도는 한반도에 직접 이어지며, 한강 하구는 북한 땅을 제외하면 거미줄처럼 연결된다.

이번 기행의 마지막 장소로 우리는 강화도 북서쪽 끝에 위치한 인화리 초소를 찾았다. 앞쪽에는 예성강 하구와 연백평야가 펼쳐져 있고, 왼편으로 교동도가, 오른편으로 양사면이 눈에 가득 들어왔다. 강들이 끝나고 바다가 펼쳐지는 곳이다. 한반도 지형에서 이렇게 가까운 거리에 세 개의 큰 강이 합류하는 곳은 여기가 유일하다.

초소를 지키는 젊은 소대장과 잠시 이야기를 나눴다. 교정에서 볼 수 있는 풋풋한 얼굴이다. 여기 강화도를 지키는 것이 어떠냐고 물어봤다. 군대에 와서 보니 국가 방위가 얼마나 중요한 것인가를 새삼 깨달았다고 그는 말했다. 그리고 언젠가는 평화 통일이 이뤄졌으면 좋겠다는 소망을 덧붙였다.

다시 눈앞에 펼쳐진 바다를 바라봤다. 고려의 건국과 함께 수도가 서라벌에서 개경으로 옮겨지고, 조선의 건국과 함께 다시 한양으로 옮겨진 후, 내가 지금 바라보는 풍경은 세곡선과 무역선이 가득한 활기찬 바다였다. 그러다 개항 이후, 그리고 해방 이후 분단과 함께 이 바다는 기운을 잃을 수밖에 없었다.

하지만 이제 이 바다는 동북아 시대와 함께 새로운 활력을 얻고 있다. 우리와 북한을 잇고, 한반도와 중국을 잇고, 나아가 동북아와 세계를 잇는 미래의 바다로 거듭나고 있다. 지난 20세기 후반 격동하는 동북아에 수동적으로 적응해왔다면, 이제 우리는 이 바다를 새로운 거점으로 하여 동북아에 능동적으로 대응할 수 있을 것이다.

분단의 바다에서 평화의 바다, 번영의 바다로 가는 길이 물론 쉽지 않을 것이다. 최근 북핵 위기가 다시 고조되면서 한반도의 군사적 긴장이 점증하고 있다. 국제관계가 아무리 현실적 이익에 따라 움직이는 것이라 하더라도 한

반도를 핵전쟁의 위험 속으로 이끌어가는 것은 그 어떤 이유로도 정당화될
수 없다.


## 동북아의 미래를 꿈꾸며

저녁이 서서히 다가오는 시간, 인화리 앞바다를 바라보며 동북아의 미래
를 생각하지 않을 수 없었다. 동북아 시대는 저절로 열려지는 게 아니다. 수
동적 적응을 넘어서 능동적 대응으로 나가기 위해서는 먼저 우리의 내부와
외부가 동시에 변화해야 한다. 시대적 변화에 적극적으로 대처할 수 있도록
정치·경제는 물론 사회·문화 또한 업그레이드 돼야 한다.

평화와 번영의 동북아로 가는 길이 결코 쉬운 도정은 아닐 것이다. 탈냉전
의 시대에 진입했다고 하더라도 동북아에서는 여전히 냉전과 탈냉전이 교차
하고 있으며, 상황과 국면에 따라 동북아 전체가 요동을 치고 있다. 더욱이
해양세력과 대륙세력의 접점을 이루는 한반도는 그 파고의 중심에 놓여 있
다. 이 거센 파고를 지혜롭게 넘어서 해양으로, 대륙으로 새롭게 뻗어 나가
동북아의 새로운 번영의 집을 만드는 것이 현재 우리 사회, 우리 시대에 부여
된 과제일 것이다.

멀리 교동도 쪽으로부터 바다 내음을 가득 실은 시원한 바람이 불어왔다.
물새 몇 마리가 하늘을 향해 날아오르고 그 아래 바다에는 저녁 안개가 서서
히 피어올랐다. 푸른 바다는 저녁 햇살을 받아 이제 금빛 물결로 바뀌어가고
있었다. 인화리 앞바다를 바라보며 꿈꾸는 한반도 평화와 동북아 번영, 돌아
가야 할 시간이 다가왔는데도 나는 좀처럼 자리를 떠나기 어려웠다.

(2009. 6. 16)

# 미완의 트라이앵글

강화도 북쪽 해안가는 철책선이 길게 이어진 최전방이자 군인들도 출입이 엄격히 통제되는 남방한계선이다. 강화도 기행의 마지막에 우리는 서북단 끝의 해안 경계를 맡은 해병대의 한 초소를 찾았다. 거기서 만난, 이제 갓 스무 살이 넘었을까 싶은 초병의 얼굴에는 청년의 패기와 더불어 소년의 어린 티가 아직도 그대로 남아 있다. 하지만 그 어려 보이는 얼굴의 두 볼에도 오랜 시간 서해의 바닷바람에 시달린 상흔은 역력했다. 내가 가르치는 대학원생 제자들보다도 한참이나 어릴 그의 하루하루와, 그가 온몸으로 감당해야 할 북녘의 화포와, 그가 지켜야 할 등 뒤의 힘없는 국민들을 생각하니 온몸에 전율이 흐른다. 보지 않고는 느낄 수 없는 풍경과 삶들이 강화도 북쪽 해안 철책을 따라 길게 이어져 있다.

초병이 서 있는 지점은 왼쪽으로는 멀리 희미하게 교동도가 보이고, 오른쪽으로는 조금 더 멀리 희미하게 북녘땅이 보이는 지점이다. 초소 앞 바다에는 안개가 끼어 있다. 앞을 바라볼 수 없는 지독한 안개는 아니지만 그렇다고 정확하게 앞을 볼 수도 없을 정도의 희미한 안개가 초병의 시계를 희롱하고 있었다. 서해를 바로 앞에 두고 한가롭게 벼가 자라는 강화도의 평범한 들판을 바로 뒤에 둔 채, 초소의 해병대 초병은 그렇게 거기 서 있었다. 한 시간만 서 있으면 평범한 사람도 철학자가 될 듯한 곳에서 말없이 경계근무를 서는 초병은 무슨 생각을 하고 있을지 궁금해진다.

경계 근무를 마치고 일상으로 돌아온 병사들이 생활하는 병영생활관은 깔끔하게 정돈되어 있었다. 국방부는 2009년 추가경정예산 4,000억 원의 상당 부분을 병영생활관 개선사업에 사용하기로 했다고 한다. 여러 명이 한 침상에서 생활하는 구식 생활관을 각 병사들이 각자의 개인침대를 사용하는 신형 생활관으로 바꾸는 개선작업이다. 주로 침대생활을 하며 자라온 신세대 병사들을 위한 배려일 것이다. 군인과 배려, 과거에는 별로 어울리지 않던 조합이라는 생각이 든다.

병사들의 사물함에는 그리운 사람의 사진과 함께 몇 권의 책이 꽂혀 있다. 가까이 가서 책 제목들을 보니 대부분이 토익, 한자능력검정시험, 컴퓨터활용능력 1급기본서 등 자격시험 대비용 서적들이다. 그리고 몇몇 병사의 사물함에는 우리 집 집사람의 화장대에서 본 듯한 핸드크림과 선블록(자외선 차단제)이 가지런히 놓여 있다. 병사와 시험대비용 서적, 그리고 선블록의 오묘한 조화가 인상적이다.


## 물 위에 세워진, 보이지 않는 장벽 앞에서

우리 일행은 김포반도와 강화도를 시작으로 비무장지대와 민통선 지역에 대한 탐방을 시작했다. 시작부터가 나에게는 조그만 충격이었다. 이른 아침

위 **강화 풍물시장** 강화 앞바다와 갯벌에서 건져 올린 신선한 해산물을 맛볼 수 있는 곳이다. 2, 7일에는 풍물시장을 중심으로 강화읍 5일장도 열린다. ⓒ조우혜

아래 **안개** 이른 새벽, 짙은 안개 속에서 농민들이 부지런히 움직인다. 민통선 안쪽의 송해면 농촌의 풍경이다. ⓒ이상엽

에 방문한 김포반도의 한강 하구에서 나는 서울의 마포나루를 떠난 배가 한강을 이용해 서해로 갈 수 없다는 사실을 처음 알게 되었다. 파주 오두산전망대 부근에서 남쪽에서 올라온 한강과 북쪽에서 내려온 임진강이 만난다. 여기서부터의 한강을 할아버지 조祖자를 써서 조강祖江이라 부르기도 한다. 그리고 그 합수지역 이후부터 서해까지가 한강 하구 중립지역이다. 일종의 물 위의 비무장지대인 셈이다. 강폭은 1.3~1.8km 정도 되는데, 남한과 북한은 각각의 하안으로부터 100m 지역까지만 관할한다. 그리고 가운데 지역은 물고기와 철새 이외에 사람들은 들어가지 못하는 지역이다.

학생 시절에 지리공부를 열심히 한 것은 아니다. 대입 학력고사에서 가장 많은 문제를 틀린 과목도 지리였다. 그래도 한강의 마지막 부분을 수로로 통과할 수 없다는 사실을 몰랐던 것은 내가 무식한 탓일까 아니면 무관심한 탓일까? 어쩌면 분단과 비무장지대 그리고 민통선은 나같이 평범한 사람들의 일상에서 그렇게 멀어져 있었나 보다.

한강 하구의 전류리 포구에서 듣는 황복 이야기는 또 한 번 이른 아침 방문자의 가슴을 적셔온다. 황복은 바다에서 자라다가 강으로 올라오는 물고기인데 그 맛이 좋다 하여 복 중에서도 으뜸 중의 하나로 여겨진다. 서해에서 자란 황복이 조강 하구, 즉 한강 하구를 따라 올라오다가 어떤 녀석은 북쪽 임진강으로 올라가고 어떤 녀석은 남쪽 한강으로 내려온다. 어떤 기준으로 황복이 갈 곳을 정하는지는 알 수 없다. 그러나 적어도 조강 하구에서는 사람이 가진 선택의 자유가 황복이 가진 선택의 자유보다 적다는 사실만이 내게는 더욱 크게 느껴졌다.

한강 하구에서 느꼈던 부끄러움과 황복에 대한 부러움을 뒤로한 채 나는 다시 내 본연의 임무로 되돌아온다. 휴전선을 중심으로 남과 북으로 각각 2km 이내 지역이 비무장지대이며, 중앙의 휴전선으로부터 남쪽 2km지점에는 남방한계선이 설정되어 있다. 그리고 남방한계선 뒤쪽으로 5~20km 떨어진 지역이 민간인의 출입이 통제되는 민통선 지역이다. 이번 취재에서 나에게 주어진 기본 임무는 이들 비무장지대와 민통선지역의 경제를 돌아보고 이지역 경제의 현재와 미래, 가능성과 한계, 그리고 이 지역에서 생활하는 사람들의 삶과 좌절과 희망을 알아보는 일이다.


## 민통선을 둘러싼 관官과 군軍의 힘겨루기

일반적으로 비무장지대와 인근 지역은 자연생태계의 보고로 알려져 있다. 이 지역은 지난 60여 년간 온갖 식물들이 자라고 죽고, 동물들이 드나들었지만 환경파괴의 최대 주범인 인간들의 접근이 제한되었던 곳이다. 당연히 세계가 인정하듯 자연생태계의 보고라고 할 만하다. 또한 이 지역은 안보관광활성화의 가능성이 높은 지역이기도 하다. 안보라는 것이 보고 즐기는 관광의 대상이 될 수 있는지에 대해서는 또 다른 고민이 필요하지만 외국인들이 한국에 오면 가장 가보고 싶어 하는 곳 중 하나가 비무장지대라는 점에서 국제적 관광자원으로서의 잠재력은 충분하다고 하겠다.

이와 같은 긍정적인 측면도 있지만, 이 지역은 태생적으로 내부적인 갈등이 내재되어 있는 지역이다. 이 지역의 주인공은 누가 뭐래도 군이다. 국가안보를 책임지는 군으로서는 모든 판단에서 최고의 우선순위를 국가안보에 둘수밖에 없다. 국가안보가 바로 군이 존재하는 단 하나의 궁극적인 이유이기때문이다.

이에 반해 지역 발전을 책임지고 있는 행정당국이나 일반 지역민들의 입장에서는 국가안보의 가치와 함께 지역 발전도 함께 고려해야 할 중요한 가치이다. 지역이라는 미세한 현미경으로 볼 때 국가안보와 지역 발전은 전통

적으로 갈등 관계일 수밖에 없었다. 예를 들어 지역 주민들에게는 항상 해당 지역의 발전을 위해 미활용 군사시설을 활용하려는 욕구가 있었다. 그러나 이러한 작업은 대개 논의를 시작하기조차 쉽지 않았는데, 바로 군과 지역민들이 생각하는 미활용 군사시설이라는 것의 개념에서부터 천지차이가 나기 때문이다.

지역민들의 눈에는 1년에 한두 번 사용할까 말까 하는 군사시설은 미활용 군사시설이라고 할 수 있다. 그러므로 당연히 민간 차원에서 이를 활용하고자 하는 욕구가 생긴다. 그러나 군의 입장에서는 전쟁은 언제 발발할지 모르는 휴화산이며, 따라서 10년에 한 번 사용하더라도 군사적으로 중요한 시설이면 미활용 군사시설이 아니라 활용 군사시설이다. 그동안 민통선 지역에서는 이러한 갈등이 수없이 반복되어왔다. 이는 어느 한쪽의 탓이라고 보기 어려운, 우선순위와 가치의 차이에서 비롯된 난제다. 이러한 갈등이 어떻게 표출되고 해결되는가를 관찰하는 일 역시 이번 탐방에서 내가 맡아야 할 중요한 임무 중의 하나다.

지역 개발 차원을 떠나 국가 전체의 차원에서 비무장지대를 어떻게 활용할 것인가의 문제도 매우 중요하다. 국가 차원에서 볼 때 산악 중심의 동부지역에서부터 북한과 지리적·문화적으로 가까운 중부지역, 그리고 지리적으로 가장 가까우면서도 강과 바다라는 특수상황까지 포함된 서부지역에 이르기까지, 통일 이전과 통일 시기, 그리고 통일 이후를 염두에 둔 장기적인 개발 및 보존 계획이 필요하다.

강화도는 우리가 방문하는 비무장지대 지역 중에서도 특이한 지역으로 생태의 보고나 관광자원이라는 관점에서도 중요하지만, 군과 민의 갈등이 더욱 중요한 고려 요소가 되는 지역이다. 이 지역은 중동부 지역과는 달리 일상생활에서 민통선의 구분이 명확하지 않고, 일부 지역을 제외하고는 군과 민이

융합되어 살아가는 복합지역의 성격이 강한 곳이기 때문이다. 민간인들이 벼 농사를 짓는 논이나 작물을 경작하는 밭이 남방한계선을 표시하는 철책 바로 밑에까지 펼쳐져 있는 경우가 많다. 요즘에는 민통선과 아주 가까운 곳까지 일반 시민들이 주말 휴양소로 사용하는 펜션들이 들어서 있다.


## 강하면서 유연한, 지역경제에 기여하는 해병대

강화군과 해병대는 대화를 통해 이해관계가 첨예하게 대립되어 있는 문제들을 조심스럽게, 그리고 지혜롭게 풀어나가고 있었다. 강화군과 이 지역을 관할하는 해병대는 주요 현안이 있을 때마다 관군협의회를 개최하고 있었다. 이 회의에 강화군에서는 군수와 부군수, 실과장 이상의 간부들이, 그리고 해병대에서는 사단장과 주요 참모들이 참석하고 있었다. 관군협의회를 통한 성과도 일부 나타나고 있었다.

김포에서 강화대교를 건너 고려인삼센터에서 우회전해서 북으로 길을 따라가면 월곶돈대 안에 연미정이라는 정자가 나온다. 한강과 임진강이 합류하는 지점인데, 그 물의 흐름과 지형이 제비의 꼬리 같다고 하여 정자 이름에 연미燕尾라는 이름이 붙었다. 강화도를 설명하는 책자에 의하면 연미정은 고려 시대 고종이 구재하기 위해 학생을 모아놓고 면학하게 했다는 기록이 있는 곳이다. 조선 인조시대 정묘호란 당시에는 청나라와 조선이 강화조약을 체결한 곳이기도 하다. 월곶돈대 가운데에 열댓 명이 앉아서 이야기를 나눌 수 있는 크기의 연미정 정자가 있다. 밖으로 시선을 돌리면 눈이 아름다워지고 안쪽에 앉아 있으면 마음이 아름다워지는 아담한 정자다. 원래 이 연미정은 민통선 내에 위치하고 있어서 일반인들이 출입하려면 총을 들고 서 있는 초병의 검문을 받아야 했다. 연미정을 강화도의 또 하나의 관광명소로 만들고 싶어 하던 강화군은 해병대와의 협의를 통해 검문 초소를 연미정 입구의 뒤쪽으로 옮겼다. 이에 따라 지금은 일반인들이 아무런 검문이나 제지 없이 자유롭게 연미정을 출입하며 아름다움을 만끽하고 그 아름다움 속에서 들리는 조상의 숨결을 느낄 수 있게 되었다. 민통선 지역에서 관군문제를 지혜롭게 해결한 한 사례라고 하겠다. 또한 관의 적극성과 군의 유연성이 조화를 이룬 사례이기도 하다.

연미정에서 해안을 따라 서쪽으로 조금 더 나아가면 은암자연과학박물관이 있고, 서쪽으로 더 나아가면 제적봉 위에 최근 개관한 평화전망대가 나온다. 큰 강의 강폭보다도 좁은 바다 건너 북녘의 들판과 산들과 마을까지가 코밑에 바로 내려다보이는 전망대이다. 초소에서 신분증만 제시하면 누구나 들어가 볼 수 있다. 이 전망대 역시 강화군과 해병대가 협의를 거쳐 함께 이룩한 사업의 결실이다. 군은 기존의 경계 초소가 있던 산 정상 자리를 강화군에 내주었고, 강화군은 여기에 관광시설인 전망대를 설치하면서 동시에 군이 사용할 별도의 관측시설을 함께 지어주었다. 한마디로 군에도 좋은 일이고 민간에도 좋은 일이 이루어진 셈이다.

강화도와 강화도의 서쪽에 위치한 교동도를 연결하는 교동연륙교 건설 과정도 관군의 협력사례라고 할 만하다. 건설 비용이나 연결도로 등으로 판단할 때 강화도와 교동도를 연결하는 연륙교의 최적 위치는 강화도 북부의 민통선 지역을 통과하는 경로이다. 그러나 해병대 입장에서 볼 때 이 지역은 민통선에 속하는 지역으로 이곳에 연륙교를 건설할 경우 군의 작전수행에 애로가 발생할 수 있다는 우려가 제기되는 지역이었다. 당연히 해병대에서는 민통선보다 아래쪽에 연륙교를 건설할 것을 주장했으며, 강화군에서는 경제적인 이유를 들어 민통선 내를 통과하는 최단거리를 주장했다. 우선순위를 놓고 첨예하게 대립하던 이 사안은 결국 양측의 협의를 거쳐 민통선 내에 있는

제비꼬리 정자 한강과 임진강이 합류해 한 줄기는 서해로,
또 한 줄기는 강화 해협으로 흐르는데 그 모양이 마치 제비
꼬리 같다 하여 이 정자의 이름을 연미정이라 이름 붙였다.
얼마 전까지는 민통선 안쪽에 있었지만 지금은 민통선이 북
쪽으로 조금 이동하면서 자유롭게 가볼 수 있다. 연미정의
달맞이는 강화 8경의 하나다. ⓒ이상엽

최단거리로 연륙교를 건설하기로 결정되었다. 우리가 교동연륙교 건설현장을 방문했을 때에는 기초공사가 한창 진행되고 있었고 엄청나게 크고 긴 H 빔을 옮기느라 거대한 크레인이 바쁘게 움직이고 있었다.

교동도에는 우리나라에서 처음으로 공자의 화상을 봉안한 교동향교가 있다. 기록에 의하면 1286년 고려 충렬왕 12년에 문성공 안향 선생이 원나라 유학에서 귀국하는 길에 교동도에 들러 지금의 향교 자리에 임시로 초막을 세우고 공자의 상을 봉안했다고 한다. 아마도 안향 선생은 교동도에서 배를 타고 강화도로 오고, 다시 배를 타고 김포반도나 개성으로 향했을 것이다. 이제 교동대교가 연결되면 이 뱃길들은 북한 지역을 제외하고는 모두 사람과 자동차가 다니는 육로로 바뀌게 된다. 교동연륙교가 완성되면 김포반도에서 강화대교를 건너 강화도로 들어온 관광객이 넓게 뚫린 시원한 도로와 다리를 건너 순식간에 교동도까지 들어가게 될 것이다. 그러나 이 교동연륙교가 현재 위치에 만들어지기까지는 각자의 역할과 우선순위에 충실하던 강화군청과 해병대의 대립이 있었으며, 이 과정에 수많은 갈등과 협의가 있었음을 아는 사람은 거의 없을 것이다.

교동도와 강화도를 연결하는 연륙교가 건설되듯이 언젠가는 강화도와 황해도를 연결하는 연륙교가 생길 날도 올 것이다. 이 연륙교가 민통선과 비무장지대를 건너서 만들어질지, 아니면 아예 민통선과 비무장지대의 개념이 없어진 상태에서 우리 땅을 연결하는 상황이 될지 궁금해진다.


강화도 사람들의 꿈과 희망

아침 6시에 서울을 출발했는데, 애기봉, 승천포, 제적봉 평화전망대, 인화보, 그리고 교동연륙교 공사 현장을 거쳐 강화군청에 도착하자 시계는 벌써 오후 4시를 가리키고 있었다. 강화군청 앞에 서 있는 표지판의 '비타민 강화'라는 구호가 눈길을 끈다. 단어의 음률을 중시해 만든 구호겠지만, 필자에게는 한반도에 없어서는 안 될 비타민 같은 강화도가 되겠다는 의미로 해석되었다. 다른 군 단위의 군청과 달리 강화군청은 주차장이 2층으로 되어 있었고, 업무시간으로는 비교적 늦은 시간임에도 불구하고 자동차를 주차할 곳을 찾기가 쉽지 않았다. 군청에는 비상경제상황실이 운영되고 있었다. 부군수를 상황실장으로 하고, 그 아래 상황점검반, 기획재정반, 고용경제안정반, 복지지원반 등의 네 개 반이 설치되어 있었다. 미국의 서브프라임 부실에서 시작된 금융위기의 여파가 하늘과 땅을 건너 강화도에까지 상륙해 있었던 것이다.

인천세계도시축전을 위해 강화도 각 지역을 점검하고 막 군청에 돌아온 문화관광과장은 자리에 앉자마자 강화도의 중요성에 대해 열변을 토하기 시작했다. 조선시대에는 강화도 행정수장을 강화유수라 했는데, 강화유수는 비변사(요즘으로 치면 국가안전보장회의)에 참석하는 멤버였으며 충청, 전라, 경상의 3도 수군에 대한 통제사를 겸임하는 중요한 자리였단다. 강화도는 청동기시대 고인돌 150기부터 고려시대 항몽 시기의 유적, 그리고 조선후기 병인양요, 신미양요, 운양호 사건 등 서구 열강과의 격전지까지 있는 문화재의 보고이다. 실제 문화관광과장은 강화도가 신라 천 년의 수도인 경주보다 문화재 밀집도가 높다는 점을 강조한다.

강화도는 고려시대에 이미 간척이 이루어진 우리나라 최초의 간척 사업지이기도 하다. 강화도 부근의 석모도에서는 해명, 용궁, 영암 등 세 개의 온천이 발출되어 온천관광단지 조성 가능성이 점쳐지고 있다. 지정학적 여건상 강화도는 일조시간이 길고 밤낮의 기온차가 커서 농업에 적합한 지역이기도 하다.

강화도 개발계획에는 강화도 내의 균형발전을 위해 경제자유구역을 확대하고 이를 통해 상대적으로 낙후된 강화도 북부 지역을 개발하며, 130km에 달하는 강화도 해안고속도로를 건설하는 계획 등이 포함되어 있었다. 그래서 강화도 지역 개발에 대해서는 강화군청을 믿어보기로 했다. 다만 강화군의 면적은 411km²로 인천시 전체 면적의 41%에 달하지만, 2009년도 기준으로 전체 예산 3,176억 원에 재정자립도가 16.5%라는 점이 마음에 걸린다. 강화도 지역에 대한 인천시 및 국가 차원의 개발 및 보전계획 수립이 필요할 것이다.

## 환황해경제권의 중심으로 태어날 강화도의 내일

강화군청의 입장에서는 강화도 내부가 보이지만, 구글어스를 통해 하늘에서 바라보면 누구나 한반도 정치, 경제의 전략적 요충지로서의 강화도가 보인다. 예로부터 강화도는 정치와 경제 그리고 물류의 중심지였다. 고려시대에 강화도를 수도로 삼거나, 조선시대에 왕이 강화도로 피난한 일은 널리 알려져 있다. 고려시대 강화도가 오랜 기간 수도로 기능할 수 있었던 이유 중의 하나는 강화도의 농산물 생산력과 더불어 삼남지방에서 세곡선을 이용해 조세를 거두어들이기에 수월한 장소였기 때문이다. 조선시대 왕정의 최고 보물로 추정되는 조선왕조실록 및 조선왕실족보의 원본을 보관하던 곳도 강화도 정족산사고鼎足山史庫의 장사각이었다.

1236년에 설립된 대장도감에서 팔만대장경을 만들 때는 대장경 목판을 실은 배가 거제도를 출발해 강화도 선원면에 있는 선원사 앞까지 들어왔다는 기록이 있다. 1900년 우리나라 최초의 성공회 성당인 강화성당을 만들 때에는 백두산 원시림의 나무를 압록강을 이용해 강화도까지 운반해서 사용하기도 했다. 이미 오래전부터 강화도는 백두산과 거제도가 만나는 물류와 경제의 중심지였던 것이다. 지금부터 시간이 가면 갈수록 강화도는 더욱 크고 번성한 환황해경제권의 중심으로 변모할 것이다. 중국의 성장열차가 지칠 줄

殿聖主天

강화 성공회 성당 1900년에 만들어진 건물로 한국의 전통 건축양식과 서양의 바실리카 양식이 결합된 형태다. 조선 말 강화의 지식인과 서양 기독교 세력의 연대를 살펴볼 수 있는 상징이다. ⓒ조우혜

모르고 달리면 달릴수록 한반도의 중심에서 중국과 근접한 강화도의 중요성은 더욱 커질 것이다.

강화도는 환황해경제권의 중심지역임과 동시에 서울과 인천, 개성을 연결하는 트라이앵글의 중핵지역이다. 이 트라이앵글은 현재 비무장지대와 군사분계선, 그리고 민통선 지역으로 갈기갈기 찢겨져 있고 상대방을 노려보는 총구들이 살아 있는 모든 것들을 숨죽이게 하고 있다. 아직은 적막, 갈등 그리고 그리움만이 존재하는 미완성 삼각지대일 뿐이지만 한반도에 평화가 오고 황복이 누리는 정도의 자유를 평범한 국민도 누릴 수 있게 되는 날, 이 트라이앵글은 평화, 화합 그리고 환희의 삼각지대로 완성될 수 있을 것이다. 그날에는 강화도와 황해도 연백군, 개풍군 사이에 나들섬(인공섬)이 떠 있을 것이다. 이 나들섬을 중심으로 교동도와 황해도 연백군을 연결하는 연륙교, 강화도와 김포반도, 황해도 개풍군을 연결하는 연륙교, 그리고 인천과 강화도를 연결하는 연륙교가 완공되어 있을 것이다. 그리고 강화도는 서울, 인천, 개성 트라이앵글을 숨 쉬게 하는 심장, 백두산 천지와 제주도의 백록담을 연결하는 한반도의 심장, 그리고 세계를 호령할 환황해경제권의 심장으로 거듭날 것이다.

강화도 비무장지대 탐방은 이렇게 끝이 났다. 서울로 돌아오는 길에는 이미 어둠이 내리기 시작했다. 적막, 갈등, 그리움의 트라이앵글을 평화, 화합 그리고 환희의 트라이앵글로 만들기 위해 나는, 우리는, 그리고 국가는 지금부터 무엇을 어떻게 해야 하는가에 대한 무거운 숙제를 안겨준 하루였다. 새벽부터 밤까지 움직이느라 파김치가 된 육신은 당장 잠을 자라고 요구하지만, 고뇌에 빠진 정신과 마음은 긴 밤을 지새울 것 같다. 갑자기 내일 아침 학교 강의를 잘할 수 있을지 걱정된다.

# 눈물의 섬에 '화해의 다리' 놓아라

한강과 임진강이 어깨싸움을 하듯 밀고 당기기를 반복하는 곳⋯⋯. 김포 전류리順流里 포구다. 한때 이곳 주변엔 통진 등 크고 작은 포구와 나루가 많았다. 남북을 잇는 해상 교역의 거점이었기 때문이다. 게다가 이곳은 황복·농어·새우·뱀장어가 철마다 그물망에 걸리는 천혜의 어장. 전류리 인근에 포구·나루가 많았던 것도, 수많은 상인이 북적였던 것도 이런 이유에서였다. 1940년대까지만 해도 그랬다. 그로부터 반세기가 훌쩍 흐른 2009년 6월 같은 포구. 상인은 초병으로, 상점은 초소로 탈바꿈했다. 활기를 띤 상가를 대신하는 것은 줄지어 늘어선 철책이다.

새벽녘이면 황금 어장으로 출항하기 위해 서두르던 멍텅구리선도 얼마 남지 않았다. 붉은 깃발을 매단 모선 5척, 자선 22척이 전부다. 한 초병은 "어민들이 조류를 잘못 타 월선했을 때를 대비해 눈에 잘 띄는 붉은색 깃발을 매달았다"고 했다. 분단은 조그만 배의 겉모습까지 바꿔놓았다.

새벽의 강화 민통선 안쪽에 위치한 송해면 지역의 새벽 풍
경이다. 이른 아침 물을 대기 위해 농민들은 논으로 나간다.
바다에 접한 강화는 자주 안개에 갇힌다. ⓒ이상엽

상인·어선만 자취를 감춘 것은 아니다. 황금 어장도 그야말로 '반 토막' 났다. 전류리 포구에서 북쪽으로 200m만 가면 월선 금지지역이 나온다. 그곳은 우리 땅도, 북한 땅도 아니다. 이를테면 중립지역, 물 위의 DMZ다. 모두 한국전쟁의 상흔이다. 전쟁이 멈춘 직후 전류리 포구 주변에 DMZ가 설정됐기 때문이다.

그에 따라 셀 수 없이 많았던 포구와 나루 그리고 어선이 종적을 감춘 것이다. 전류리가 한강 하구에 남은 마지막 포구가 된 까닭이다. 강화도에 도착하기 전 잠시 들렀던 전류리엔 이처럼 분단의 절망이 흐르고 있었다.

"물은 꽃의 눈물인가/꽃은 물의 눈물인가/ 물은 꽃을 떠나고 싶어도 떠나지 못하고/ 꽃은 물을 떠나고 싶어도 떠나지 못한다/ 새는 나뭇가지를 떠나고 싶어도 떠나지 못하고/ 눈물은 인간을 떠나고 싶어도 떠나지 못한다."(시인 정호승의 「수련」)

상인은 초병, 상가는 철책으로 탈바꿈

강화도 북단에 인접한 조강의 현실도 전

류리와 다를 게 없었다. 조강은 한강과 임진강의 합수지역. 모든 강의 할아버지라는 의미로 조강이라 부른다. 그러나 이 강 역시 남북 중립지역이다. 유엔 정전위의 허가 없이는 누구도 통과할 수 없다. 일부 현지인은 그래서 조강이 한반도의 눈물을 품었다고 한탄한다. 강을 헤엄치고 싶어도 그러지 못하는 한민족의 눈물은 조강을 이루고, 강화를 적신다.

분단의 곡절을 눈앞에서 지켜보고 있는 강화도는 눈물을 흘린 만큼 잃은 것도 많다. 강화군청 이응식 문화관광과장은 "경제적 손실은 이루 말할 수 없다"고 했다. 이 역시 한국전쟁의 상처요, 분단이 남긴 쓰라린 대가다.

한국전쟁 직후 강화도의 경제 사정은 나쁘지 않았다. 화문석·인삼·약쑥으로 유명세를 떨쳤고, 주민은 지금(6만 7,000명)보다 두 배가량 많은 13만 명(1960년대)에 달했다.

그러나 비무장지대와 인접해 있다는 지역적 특성 때문에 더 이상 발전하지 못했다. 1960~1970년대 경제개발 과정에서 소외돼 방직, 화문석, 인삼 등 주력산업이 쇠퇴를 거듭했다. 당시 정부는 강화도를 군사적 요충지로 판단했다. 이후에도 이런 상황은 크게 달라지지 않았다. 수도권정비계획법 등 각종 규제에 발목이 묶였다. 그 결과 강화군의 곳간은 비어갔다. 재정자립도는 17%로 보조금·지방교부세·재정보전금이 없으면 생존하기 어려운 수준이다. 산업적 기반도 허약하다. 강화도에 조성된 산업단지는 단 1개, 여기에 입주한 업체는 12곳뿐이다. 총 사업체 수도 5,000개를 넘지 못한다. 그것도 직원 수가 3명가량인 영세업체가 대부분이다.


## 한국전쟁 이후 강화도 경제 '추락'

그렇다고 강화도의 미래가 불투명한 것은 아니다. 역설적이지만 강화도는 남북교류의 거점으로 성장할 수 있다. 냉전으로 얽히고설킨 매듭을 화해로 풀 수 있다는 얘기다. 이는 부질없는 희망이 아니다. 지리적 여건을 보면 그렇다. 강화도는 조강을 사이에 두고 왼쪽으로는 해주(연백군), 오른쪽으로는 개성(개풍군)을 마주하고 있다. 뒤편엔 인천이 자리 잡고 있다. 강화도의 장기 계획 중 하나가 '트라이앵글 개발'인 것도 이 때문이다. 강화도 북단을 해주·개성과 연결하고, 남단을 인천과 잇겠다는 계획이다.

또 다른 구상도 있다. 이명박 대통령의 공약 중 하나인 '나들섬 프로젝트'가 그것이다. 정부는 강화군 교동도 북동쪽 한강 하구 퇴적지 10km²(육지 5km², 매립지 5km²)에 여의도 10배 규모의 인공섬을 만들 계획이다. 이곳에 남북 공동 산업단지를 만들겠다는 게 정부의 구상이다. 인천시와 강화군은 이같은 장기 계획을 성사시키기 위해 전력을 기울이고 있다.

대표적인 것은 인천국제공항-신도-강화도-개성공단을 잇는 총 58km의 고속화도로 건설이다. 인천시는 첫 발걸음으로 인천공항과 강화도 남단 화도면을 연결하는 총 연장 14.8km의 연결도로 건설을 2010년 중 마무리할 방침이다. 2011년부터는 6,000억 원을 투입해 고속화도로 건설에 착공한 뒤 인천 아시안게임이 열리는 2014년 이전에 준공할 계획이다.

이 도로가 완공되면 강화로선 성장의 발판을 마련할 수 있다. 무엇보다 인천 송도국제도시-영종도-강화도까지 30분이면 이동이 가능하다. 그에 따라 강화도는 인천경제자유구역의 배후도시로 부상할 수 있다. 여기에 강화도 북단과 개풍군 사이에 교량이 건설되면 인천공항에서 개성공단까지 2시간이면 갈 수 있다.

강화도의 또 다른 북단과 연백군 사이에 다리가 생겨도 결과는 마찬가지다. 인천에서 개성 또는 해주로 이어지는 환서해안고속도로가 강화를 관통한다는 소리다. 그야말로 서해안 트라이앵글의 완성품이라고 할 수 있다. 그러면 침체에 빠진 강화도 성장엔 한결 탄력이 붙을 전망이다.

가능성은 충분해 보인다. 무엇보다 강화도의 관광 잠재력은 더할 나위 없다. 선사·삼국·고려·조선시대를 아우르는 유적이 곳곳에 퍼져 있다. 2000년 유네스코 선정 세계문화유산 고인돌(청동기 시대)은 무려 150여 기에 이른다. 문화재는 125점이다. 외세 침략을 막기 위해 조선 중기에 만들어진 5진7보53대도 모두 복원하면 볼거리로 충분하다.

강화도는 섬 전체가 살아 있는 박물관을 방불케 한다. 강화군청이 중장기 계획의 일환으로 고려궁지 정비사업, 강화산성 복원사업(이상 고려 대몽항쟁의 상징적 유적지), 고인돌 주변 정비사업(강화 역사박물관, 자연사박물관 연계)을 적극 추진하는 이유도 여기에 있다. 올해 10월 준공할 예정인 강화 해안순환도로, 내리─내가면 외포리 자전거도로를 건설하는 것도 같은 맥락으로 풀이된다. 해안가에 산재한 국방 관련 유적을 개발하겠다는 의지다.

강화도를 찾는 관광객은 연평균 500만 명 안팎이다. 강화군 측은 각종 관광 개발 계획이 완료되면 '2025년 1,000만 관광시대'가 열릴 것으로 기대한다. 그러나 여기엔 무겁고 중대한 전제가 깔려 있다. 첫째는 남북화해 무드다. 냉전과 갈등이 풀려야 강화도는 세계적 생태·문화·관광도시로 도약할 수 있다. 인천경제자유구역 배후도시, 새로운 남북통일 경제특구로 부상하는 것도 화해가 선결조건이다. 강화도 성장의 열쇠는 바로 남북을 연결하는 '보이지 않는 다리'에 있다는 얘기다.

군━군의 긴밀한 협조는 둘째 전제다. 강화도의 48%는 군사시설보호구역이다. 군의 협조가 없으면 창고 하나 짓기 어렵다. 다행스럽게도 강화군청과 이곳을 관할하는 해병대는 매월 부정기적으로 머리를 맞댄다. 양측은 "서로의 입장을 존중하고 최대한 배려한다"는 데 의견을 모았다. 양보는 미덕을 부르게 마련. 군━군 협조 의지는 알찬 열매를 맺고 있다. '관광객 유치

고인돌 하점면에 있는 잘생긴 고인돌이다. 선사시대부터 강화에 많은 주민과 권력화된 인물이 존재했다는 방증이기도 하다. 강화에는 이러한 고인돌이 수없이 산재한다.
ⓒ이상엽

를 위해 초소를 연미정 뒤로 밀어달라'는 군청의 요구에 해병대는 안보상 어려움을 무릅쓰고 흔쾌히 동의했다. 또한 강화도와 교동도를 연결하는 교량 역시 '민통선 안쪽에 건설하게 도와달라'는 요구를 조건 없이 수용했다. 군-군 협조의 성공 모델로 충분한 사례다.


## 초병의 눈에 '화해의 다리' 가 보인다면

강화도를 찾은 5월 어느 날 오후, 군의 협조를 받아 해병대 초소에 올랐다. 서해가 한눈에 보이는 곳이다. 북한 땅도 멀찌감치 보인다. 길게 늘어선 검은색 철책이 긴장을 고조시킨다. 그래서인지 북쪽을 향해 있는 20대 초반 초병의 눈은 한 치도 흔들리지 않는다.

한반도를 둘러싼 정세는 시시각각 변하고 있지만 바다는 예나 지금이나

똑같은 모양새다. 초소 주변에 피어 있는 약쑥도 마찬가지일 게다. 바뀐 것은 하나가 둘로 쪼개졌다는 것, 다람쥐 쳇바퀴 돌듯 화해와 갈등이 반복되고 있다는 것뿐이다. 언젠가 초병의 눈에 갈등의 철책이 아닌 화해의 다리가 보일지 모른다. 인천에서 출발한 자동차가 그곳을 유유히 건너 북한에 도착할 수도 있다.

'그날이 오면' 반드시 그럴 것이다. 분단의 냉혹함을 수십 년째 곱씹고 있는 강화도 역시 그제야 '역사의 짐'을 내려놓지 않을까? '눈물이 마르지 않는 섬'에 통한이 사라지고 웃음 바이러스가 퍼지는 날, 한반도 평화와 동북아 번영의 시대가 열린다.

# 애기봉과 평화전망대

수도권 2,000만 인구의 젖줄인 한강은 서울을 지나고 김포평야를 적신 뒤에 그 마지막 하구에 이르러 임진강과 만난다. 한강과 임진강이 만나는 합수 지점은 통일동산과 오두산전망대가 있는 파주 부근이며, 여기서부터 서해까지의 한강은 특별히 조강이라고도 부른다. 강들의 조상이요, 한강과 임진강이 수천 리를 돌아 마침내 삶의 마지막과도 같은 순간을 맞이하면서 늙은 말처럼 유순해지기 때문에 붙여진 이름일 것이다. 조강의 이름은 김포시 월곶면 조강리라는 마을 이름에 남아 있고, 이 마을에는 낚시꾼들 사이에 유명한 조강저수지가 있다.

이 부근에서 서로 만나는 것은 한강과 임진강만이 아니다. 남과 북도 여기서 만나는데, 만나서 함께 얼싸안고 서해로 흘러드는 것이 아니라 아직은 강을 사이에 두고 서로 총구를 겨누고 있다는 점이 강들의 만남과는 다르다.

한강과 임진강이 만나 조강을 이루듯이, 남과 북도 만나서 하나의 거대한 물결을 이룰 날은 언제일까? 남북의 분단만 아니었더라면 수많은 화물선과 여객선과 유람선들이 떠다녔을 조강 언저리는 지금 텅 빈 강이다. 강을 따라 길게 철책이 이어져 있고, 건널 수 없는 강 건너의 고향땅을 바라보기 위한 망향의 시설들만 철책을 따라 드문드문 늘어서 있다. 대표적인 곳이 파주의 오두산전망대와 임진각, 김포의 애기봉전망대와 강화의 평화전망대다.


## 전류리와 한강의 마지막 포구

서울에서 김포나 강화로 갈 때는 흔히 48번 국도를 이용하게 되는데, 빠르지만 그다지 운치가 있는 길은 아니다. 교통체증을 피하거나 강변의 운치를 즐기면서 달리고 싶다면 행주대교 남단에서부터 시작되는 제방도로를 이용하면 된다. 가는 내내 오른편 차창 밖으로 한강이 함께 달리기 때문에 지루하거나 지겹지 않게 드라이브를 즐길 수 있다.

강바람을 맞으며 20분쯤 달리다 보면 김포시 하성면 전류리의 포구에 도착하게 되는데, 전류리 포구는 한강 하구의 마지막 포구다. 군의 허가를 받은 몇 척의 작은 어선들이 황복 등의 민물고기 조업을 이어가고 있을 뿐, 이 포구 밑은 배들이 통행할 수 없는 민통선 지역이다.

김포시는 최근 한강 하구의 마지막 포구인 이 전류리 포구 일대(김포시 하성면 전류리 58-3)를 관광지로 개발하는 사업을 시작했다. 도로변 철책을 강 쪽으로 바짝 옮기고 옹벽 시설들을 철거한 자리에 공원을 만들겠다는 계획이다.

아직은 일부러 찾아가볼 만한 관광지는 아니지만 강화나 김포 가는 길에 한 번쯤 차를 세우고 한강의 누르고 유순한 물결과 강 건너 일산 신시가지의 야경을 구경하기에는 그만인 곳이다.

## 평양감사와 기생의 전설이 깃든 애기봉전망대

전류리 포구를 지나 다시 20분쯤 가면 애기봉전망대 표지판이 나온다. 애기봉은 조강리와 가금리 사이에 위치한 154m 높이의 산으로, 이 산 정상에 북한의 개풍군 지역을 볼 수 있는 애기봉전망대(김포시 하성면 가금리 산 59-13)가 설치되어 있다.

전망대에 올라서면 강 건너 북한의 선전마을과 멀리 개성 송악산의 모습을 볼 수 있다. 전망대에 올라 북을 향해 서면 좌측 강변이 옛날의 조강 포구이며, 그 아래로 강 가운데에 떠 있는 유도라는 섬이 보인다. 예전에 한양으로 가던 뱃사공들이 머물러 쉬었다가 가던 섬으로 선착장과 주막집이 들어서 있던 섬이었으나 지금은 뱀과 학들만 산다는 섬이다.

발아래 흐르는 조강 건너가 북한 땅으로 거기에도 조강리라는 이름을 가진 마을이 있다. 거기에 우리와 같은 말과 글자를 사용하는 사람들이, 우리와는 전혀 다른 꿈을 꾸면서 전혀 다른 삶을 살아가고 있다는 사실이 믿기지 않을 정도로 거리는 지척이다. 여기서는 눈에 보이는 것들이 오히려 더 의심스럽고, 눈에 보이지 않는 것들이 더 실감난다.

애기봉과 관련된 전설만 해도 그렇다. 전설이라는 말 자체가 사실은 역사가 아닌 허구임을 말해주는 것인데, 애기봉과 관련된 전설은 최소한 강 건너 북한 사람들의 현실보다는 훨씬 리얼하다.

때는 1636년, 청나라 태종이 10만 대군을 이끌고 우리나라로 쳐들어온 병자호란 때의 일이다. 당시 평양감사는 아끼던 기생 하나를 데리고 한양으로 피난길에 오르는데, 가장 가까운 길이 개성을 거쳐 이 조강을 건넌 다음 김포를 통해 한양으로 들어가는 길이었다. 하지만 안타깝게도 평양감사는 조강을 건너기 직전에 적군의 포로가 되었고, 혼자 남은 기생만 천신만고 끝에 강을 건너 이곳에 도착하게 되었다고 한다. 사랑하는 님을 적의 수중에 남겨 두고 온 기생은 날마다 이 봉우리에 올라 강 건너를 바라보며 눈물을 흘리다가 마침내 죽어서 여기 묻히게 되었고, 사람들은 그때부터 이 봉우리를 기생의 이름을 빌어 애기봉愛妓峰이라 부르게 되었다는 것이다.

나중에 박정희 대통령이 이 전망대를 방문했다가 전설을 전해 듣고는 전망대 이름을 아예 애기봉전망대로 바꾸어 부르도록 했다고 한다. 그전에는 그저 154고지로만 불리던 곳이다. 전망대 앞마당에 있는 한자로 된 '애기봉' 표지석이 박정희 대통령의 글씨다.

전망대를 방문하기 위해서는 주민등록증을 지참해야 하며, 차량 한 대당 한 사람만 대표로 출입신고서를 작성하면 된다. 도보나 자전거 등으로는 출입이 불가능하고, 연중 휴일 없이 운영된다.

애기봉전망대 입구에는 조각공원과 사계절 놀이시설 등이 갖추어져 있고, 인근에 한재당과 다도박물관 등이 있다. 문수산성도 가깝다.

## 강화도는 섬이 아니다

애기봉전망대 관람을 마치고 다시 강화 방면으로 길을 나서면 이내 문수산 입구를 지나 강화대교와 만나게 된다. 육지인 김포반도와 섬인 강화도를 연결하는 4차선 다리다. 1969년에 처음 다리가 놓였다가 1997년에 이 다리가 새로 들어서면서 옛날 다리는 폐쇄되었다. 다리 밑으로는 염하가 흐르는데, 밀물 때와 썰물 때 물의 방향이 바뀌면서 엄청난 소용돌이를 일으킨다. 물이 서해 멀리로 빠져나가는 썰물 때 이 물길을 흐르는 것은 조강이지만, 반대로 바닷물이 강으로 밀고 올라오는 밀물 때 이 물길을 흐르는 것은 그야말로 서해의 짠 바닷물이다. 말하자면 강도 아니고 바다도 아니며, 강이면서 바다이기도 하다. 그래서 물길의 이름도 바다를 의미하는 염鹽과 거대한 강을 의미

황복 전류리 포구의 풍경. 이곳의 최대 어종은 황복이었지만 팔당대교 건설 후 자취를 감추다시피 했다. 2004년께부터 김포시가 치어 방류사업을 하면서 황복이 다시 조금씩 잡히고 있지만 예전에 비하면 명함도 못 내밀 수준이다. ⓒ이상엽

하는 하(河)가 합쳐져 염하다. 소금의 강이자 강보다는 큰 물길이라는 의미다.

재미있는 것은 강화도가 본래는 섬이 아니었다는 사실이다. 김포반도에 붙어 있던 강화도는 나중에 침식작용을 통해 서서히 반도와 분리되면서 구릉성 섬이 되었다가, 조강의 퇴적물이 쌓이면서 다시 육지가 되었다. 하지만 조강의 물줄기가 현재의 염하로 분기되어 해협을 이루면서 다시 섬이 되었다고 한다. 지금은 강화대교와 초지대교가 개통되어 섬 아닌 섬이 된 곳이 강화도다.


## 제비처럼 돌아온 연미정

김포에서 강화대교를 건너면 바로 우측에 고려인삼센터가 보인다. 강화도 인삼이 본격적으로 유명해진 것은 개성 사람들이 건너와 강화에 인삼 재배 기술을 전파하면서부터라고 한다. 이 인삼센터를 지나 최근 깨끗하게 정비된 해안도로를 타고 북쪽으로 10분쯤 나아가면 월곶돈대가 나오고, 이 돈대 안에 연미정이라는 정자가 있다. 임진강과 합쳐진 한강이 이 일대에 이르러 한 줄기는 서해로 빠지고, 다른 한 줄기는 염하(강화해협)로 빠지는데, 그 갈라진 모양이 제비의 꼬리와 같다고 해서 연미정이라 한다. 지금은 배들이 다니지 못하는 이 한강 하구에 배들이 드나들던 시절, 서해에서 온 배들은 이 정자 밑에 정박했다가 만조의 물살을 이용해 한양으로 들어가곤 했다는 곳이다. 정묘호란(1627년) 때 청국과 강화조약을 맺는 등 역사의 숨결이 남아 있는 곳이다. 탁트인 정자에서는 개풍, 파주, 김포 일대가 한눈에 들어오고, 돈대 성벽에 기대서면 길게 이어진 철책선과 아무도 출입하지 않은 천혜의 갯벌, 그리고 강물과 바다의 밀물이 만나 길게 띠를 이루는 특이한 광경을 육안으로 볼 수 있다.

연미정은 최근까지 민통선 안에 있어서 관람이 쉽지 않았으나 이제는 아무런 통행 절차 없이 누구나 쉽게 가볼 수 있는 곳이며, 강화도 북쪽 지역은 대부분의 관광객들이 잘 찾지 않는 곳이라 오히려 호젓한 여행을 즐길 수 있다는 장점이 있다.


## 제적봉 평화전망대

연미정을 나와 서북쪽으로 다시 길을 나서면 이내 해병대 초소가 나온다. 여기서부터 민통선 안쪽이다. 하지만 주민등록증만 있다면 걱정할 필요는 없다. 해가 떠 있는 시간에는 누구나 출입이 가능하고, 이 초소를 지나 조금 더 나아가면 은암자연과학박물관이 나온다. 공룡이나 희귀 조류 및 어류 등에 관심이 많은 아이들을 함께 데리고 가면 더없이 즐거워할 생물학 박물관이자 체험관이다. 그 뒤로 화문석문화관이 있으며, 국내 유일의 왕골공예품인 화문석 관련 자료들을 전시하고 있다.

은암자연과학박물관을 지나 조금만 더 가면 평화전망대(강화군 양사면 철산리 산 6-1)가 나오는데, 지난 2008년 9월에 문을 연 최신식 전망대. 한강, 임진강, 예성강이 한눈에 보이고, 강폭보다 좁은 해협 건너 북한의 농촌 마을과 들판이 손에 잡힐 듯이 가깝게, 마포에서 여의도가 건너다보이듯이 또렷하고 분명하게 보인다. 서울 인근 전망대로는 김포의 애기봉전망대와 파주의 오두산전망대가 이제까지 가장 많은 관광객이 모이던 곳이었는데, 이제는 강화의 평화전망대가 선두 다툼에 합류할 것으로 보인다.

2,000만의 젖줄 한강의 장엄한 최후와 서해의 낙조, 그리고 지척에 있지만 밟을 수 없는 북한의 땅을 눈으로라도 느껴보고 싶다면 평화전망대에 들러볼 일이다. 북한이 마치 외국의 먼 나라처럼 느껴지는 사람들이라면 더더욱 반드시 가보라고 권하고 싶은 곳이다. 2,500원(성인 기준)의 입장료가 아깝지 않은 체험을 눈으로 할 수 있다.

# 연천

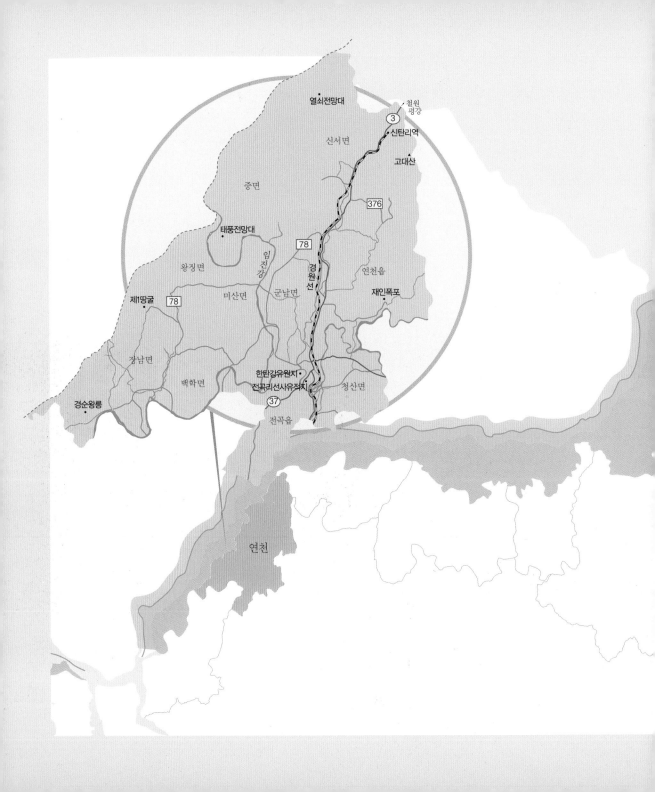

열쇠전망대

철원
평강

③

신탄리역

신서면

고대산

중면

376

태풍전망대

78

왕징면

임진강

경원선

연천읍

미산면

군남면

재인폭포

제1땅굴

78

장남면

한탄강유원지

전곡리선사유적지

청산면

백학면

경순왕릉

37

전곡읍

연천

# 연천, 유럽으로 가는 열차를 기다리며

강화와 김포에 이어 민통선 기행의 두 번째로 선택한 곳은 연천군이었다. 연천은 내게 결코 작지 않은 의미들이 서려 있는 고장이다. 무엇보다 나의 고향 양주와 맞닿아 있는 곳이다.

그래서 연천은 어릴 적부터 정서적으로 가까웠던 고장이었다. 고등학교 시절 한때 나는 의정부에서 왕십리까지 기차를 타고 통학을 했는데, 당시 함께 통학하던 친구들과 한탄강으로 놀러간 적도 있었다. 기암절벽이 바라보이는 한탄강가에 텐트를 치고, 통기타 반주에 맞춰 밤새도록 당시 유행하던 김민기와 송창식의 노래를 부르기도 했다.

누구나 그러하듯 나이가 들어갈수록 10대의 기억은 애틋한 것으로 남아 있다. 1970년대 급속한 산업화가 진행되는 와중에 의정부에서 서울에 있는 고등학교를 다녔던 내게 펼쳐진 서울과 의정부, 그리고 매일매일 만나곤 했던 경원선 인근의 풍경들은 기억 속에 너무도 선명히 인화돼 30년이 지난 지

앞의 사진 철마 신탄리역을 향해 달리는 경원선 기차. 신탄리역은 경원선의 남한 측 최북단 종착역으로 대광리역 다음에 위치한다. 철마는 여전히 달리고 싶다. ⓒ이상엽

금도 생생히 살아 있다.

　연천에 대한 기억에서 잊을 수 없는 것 중 하나는 아버지에 대한 추억이다. 유학을 마치고 돌아온 후 어느 늦은 여름 날, 아버지를 모시고 형님들과 함께 태풍전망대를 찾은 적이 있었다. 동두천과 전곡을 거쳐 우리는 태풍전망대에 올라 이제 막 가을이 오고 있는 비무장지대 풍경을 지켜봤다.

　초등학교 교사였던 아버지가 시골에 살 때부터 가르쳐주신 것 가운데 하나는 각종 풀과 나무, 그리고 벌레들이었다. 어릴 적 벌판이나 산에 나가면 아버지는 눈에 띄는 각종 동·식물들, 예를 들어 떡갈나무와 상수리나무, 장수풍뎅이와 사슴벌레의 차이를 자세히 설명해주시곤 했다.

　인류학자 클로드 레비스트로스Claude Levi-Strauss가 강조하듯, 추상적 지식이란 기실 삶에 큰 쓸모가 없는 경우가 많다. 오히려 구체적 지식이 살아가는 데 유용한 지혜를 주며, 바로 이 점에서 아버지로부터 나는 더없이 소중한 선물을 받은 셈이었다. 다름 아닌 그것은 자연과 어떻게 공존하면서 살아갈 것인가에 대한 생태학적 통찰과 상상력이었다.

## 상승관측소에서 본 비무장지대

　6월 초 우리는 연천으로 떠났다. 새벽 6시 국방부에서 만나 버스를 타고 자유로를 거쳐 파주를 지나 연천으로 향했다. 이제는 제법 익숙해진 탓인지 동행들 사이에 여러 이야기가 오갔다. 우리나라에서 드문 침식하천인 임진강 얘기가 나오고, 어느 집 장어구이가 괜찮다는 얘기가 나오고, 적성을 지날 때는 감악산에 얽힌 얘기도 나왔다.

　연천군 백학면 시외버스 터미널에서 우리를 안내할 정훈장교를 기다리며 한 식당에서 아침을 먹었다. 진수성찬은 아니지만 30~40대 남성들이 낯선 시

전방지역의 풍경 상시적인 훈련이지만 요즘 같은 남북대치
상황에서는 예사롭게 보이지 않는다. 연천 시내를 지나치는
전차들이다. ⓒ이상엽

골 식당에서 덤덤히 함께하는 아침밥은 맛이 좋았다. 다방에 들어가 마신 커피 또한 남달랐다. 걸러낸 커피가 아니라 크림과 설탕이 듬뿍 들어간 이른바 원조 '다방 커피'를 시골 다방에서 마시는 것은 우연히 1970~80년대 유행가를 들었을 때 갖게 되는 어떤 아련한 그리움을 느끼게 했다.

처음 찾은 곳은 상승관측소(OP)*였다. 이 관측소가 널리 알려진 것은 1974년에 발견된 제1땅굴 바로 앞에 있기 때문이다. 비무장지대 안의 제1땅굴 발견 지점이 보이고, 그 너머에는 제법 넓은 연천평야가 펼쳐 있었다. 초여름의 연천평야 풍경은 더없이 한가로웠지만, 시선을 철책선과 감시초소(GP)** 쪽으로 돌리니 이내 팽팽한 긴장이 느껴졌다.

실제의 제1땅굴은 비무장지대 안에 있기 때문에 갈 수 없었다. 대신 관측소 옆에 마련된 모형을 구경했다. 땅굴은 말 그대로 북한이 기습작전을 목적으로 비무장지대 지하에 굴착한 남침용 군사통로다.

이제까지 땅굴을 이렇게 가까이에서 직접 본 적은 없었다. 착잡하면서도 새삼 한반도의 현실을 생각해보지 않을 수 없었다. 지금 눈앞에 놓여 있는 것은 종전終戰이 아닌 휴전休戰을 뜻하는 경계선이며, 더욱이 최근에는 북한의 핵실험으로 군사적 긴장이 고조되고 있기도 하다.

상승관측소를 떠나 백학면, 미산면, 왕징면을 가로 질러 태풍전망대로 나아갔다. 창밖에는 이 땅 어디서나 볼 수 있는 평화로운 시골 풍경이 펼쳐져 있었지만, 정작 머리 속에는 전쟁이란 무엇인가에 대한 여러 생각들이 두서없이 떠올랐다.

인류가 역사를 시작한 이래 전쟁은 끝없이 되풀이돼 왔다. 전쟁은 제도를 파괴할 뿐만 아니라 우리 인간성마저도 파괴해버리고 마는 사회의 가장 짙은 그늘이자 비극이다. 어떤 이유이든 전쟁은 정당화돼서는 안되며, 어떤 형태로든 더이상 한반도에서 전쟁이 되풀이돼서는 안될 것이다.

* OP 관측소(Observation Post). 적군이나 적기, 함선 등의 접근을 관측하기 위해 비무장지대 밖에 설치한 관측소.
** GP 감시초소(Guard Post). 적의 활동을 감시하기 위해 비무장지대 내의 주요 고지에 설치한 초소.

## 연천과 미수 허목

새삼 이념이란 무엇인가를 생각하지 않을 수 없었다. 이념은 세계와 사회를 인식하는 하나의 틀이다. 인간의 사유가 다양한 한, 이념 역시 다양한 것은 자연스런 일이다. 하지만 이념이 현실에 진입하는 순간, 그것은 권력과 불가분의 관계를 맺게 되며 다양한 갈등을 촉발시킨다.

한 걸음 물러서 볼 때 사회 갈등을 부정적으로 볼 필요는 없다. 사회를 이루는 개인 또는 집단 사이에 이념과 이익의 차이는 있을 수밖에 없으며, 따라서 갈등은 오히려 자연스러운 것이다. 경우에 따라서는 갈등의 폭발이 문제를 해결하는 단서를 제공하기도 한다.

문제는 갈등의 비용과 결과인데, 지불해야 할 비용이 지나치게 클 경우 갈등은 사회발전의 발목을 잡을 수 있다. 사회갈등의 가장 극단적 형태가 다름 아닌 전쟁일 것이다.

이념과 갈등에 대한 이런저런 생각을 하며 달리다 보니 자연 연천이 낳은 유학자 미수眉叟 허목을 떠올리게 됐다. 미수는 조선 중기를 대표하는 유학자이자 남인을 대변하여 서인의 영수인 우암尤庵 송시열과 예송 논쟁을 벌였던 정치가다. 제1차 예송 논쟁에서는 우암에게 패했지만, 제2차 논쟁에서는 미수의 견해가 채택됨으로써 남인의 시대를 열었다.

예송 논쟁은 여러 코드가 담긴 논쟁이었다. 현상적으로 그것은 서인 세력과 남인 세력이 벌인 권력 투쟁이었지만, 동시에 조선이라는 국가를 어떻게 운영할 것인가에 대한 일종의 국정운영 기조를 둘러싼 논쟁이기도 했다. 서인은 사대부의 위상을 중시한 반면, 남인은 군주의 역할을 강조했다.

군주가 주도하는 개혁을 강조한 미수의 사상은 이후 성호星湖 이익을 거쳐 다산茶山 정약용에게로 이어지는 '기호 남인 학파'의 주류를 형성한다. 현실 정치 영역에서 정조의 개혁에 크게 기여한 채제공과 이가환의 정치도 바로 현종과 숙종 시대를 장식했던 미수의 정치에 그 기원을 두고 있다.

청년과 장년 시절 초야에 머물러 연구에 몰두하다 노년이 돼서야 예기치 않게 현실 무대에 진출했던 미수의 삶은 이념과 현실, 학문과 정치의 관계에 대해 많은 생각을 불러일으킨다. 그는 분명 유교라는 시대적 한계에 갇혀 있었다. 하지만 동시에 그는 정치와 현실에 앞서서 가치와 도덕이 어떤 의미를 갖고 또 어떤 역할을 해야 하는가를 일깨워준 지식인이기도 하다.

## 한밤에 들리는 고라니 울음소리

미수의 묘소가 있는 왕징면에서 벗어나 중면 비끼산 수리봉에 있는 태풍전망대에 올랐다. 전망대가 건립된 것은 1991년이었다. 요즘은 곳곳에 전망대가 많이 세워져 있지만, 1990년대 초반 당시 태풍전망대는 더없이 인상적이었다. 검문소에서 허락을 받고 전망대로 가려면 고즈넉한 산야를 제법 지나가야 했고, 또 임진강을 건너가야 했다. 그리고 나서 제법 높은 산 위 전망대에서 돌연 펼쳐지는 풍경은 우리 산야의 아름다움을 새삼 일깨웠다.

미수 허목의 묘 흰 대리석에 전서체로 묘비명이 쓰여 있다. 허목 본인이 생전에 쓴 비문이다. 한국전쟁 당시 총탄에 의해 곳곳이 깨져 있다. ©이상엽

이번에도 마찬가지였다. 전망대에 올라서니 초여름의 비무장지대가 눈에 가득 들어왔다. 임진강은 바로 여기서 북한 땅으로 들어가며, 지도책을 찾아보니 한 번도 가본 적이 없는 아호비령산맥 두류산의 깊은 골짜기까지 이어진다고 한다.

태풍전망대는 북한과 가장 가까운 곳에 위치한 전망대 중 하나다. 전망대에서 휴전선까지의 거리는 800m, 북한군 초소까지는 1,600m에 불과하다. 더없이 팽팽한 군사적 긴장과 눈앞에 펼쳐진 산야의 아름다운 풍경이 기묘하게 공존해 있는 곳이 태풍전망대다.

철책선 앞에서 장병들과 잠시 담소를 나눴다. 이곳에서 근무를 하니 국가란, 나라란 무엇인가를 다시 한 번 생각해보게 됐다고 이야기했다. 한밤중에는 고라니 울음소리가 들린다고도 했다. 시선을 다시 돌려 비무장지대 안을 바라보니 무성한 풀과 나무들은 어느새 성하盛夏의 시간으로 성큼 다가서고 있었다.


## 환경위기와 지속가능한 삶

민통선을 포함한 비무장지대 일원이 갖는 생태학적 가치는 오래 전부터 주목받아왔다. 우리 사회도 산업화가 진행되면서 겪게 된 환경위기가 새삼스러운 일이 아니다. 갈수록 심각해지는 대기오염과 수질오염은 물론 생태 위기에 대한 각종 소식들을 이제는 무감각할 정도로 접하고 있다. 성장 위주의 경제발전에 따른 각종 공해와 오염의 증대는 이미 국민들의 생명 및 건강을 위협하는 수준에 도달한 것으로 보인다.

전지구적으로 보더라도 생태 위기는 매우 심각하다. 지구 온난화, 오존층 파괴, 해양오염과 산림파괴 등과 같은 환경위기는 이제 빈곤, 불평등, 그리고 전쟁과 함께 인류의 미래를 암울하게 만드는 주요 원인 중 하나로 지목된다. 이런 환경오염이 낳은 중대한 결과 가운데 하나는 생물다양성의 급격한 감소인데, 특히 열대우림에서의 생물종의 감소는 매우 심각한 것으로 알려지고 있다.

생활세계로 돌아와도 환경위기는 일상적으로 되풀이되고 있다. 생활쓰레기 증가에 따른 환경오염은 대표적 경우다. 또 산업화 과정에서 대량생산과 대량소비가 고도화되면서 크게 늘어난 일회용품의 사용도 문제다. 최근 사용이 자제되기는 하지만, 재생이 어려운 일회용품의 사용에 대한 규제는 더욱 강화돼야 할 것이다.

두말할 필요도 없이 환경보호는 지속가능한 삶을 위해 중요하다. 인간의 생존에 필요한 맑은 공기와 깨끗한 물, 그리고 유해하지 않은 식품은 바로 이 환경으로부터 주어진다. 환경이 파괴돼 다른 생물들이 생존할 수 없는 생태계에서 인간 또한 살아갈 수 없다는 것은 자명하다.


## 비무장지대의 생태적 가치

생태학적 시각에서 비무장지대와 민통선 지역이 주목받는 이유는 지난 50여 년간 개발과 출입이 제한되어 과거 경작지나 취락 지역이 자연 스스로 습지 등으로 돌아가는 생태적 복원이 진행된 지역이기 때문이다(환경부, 『비무장지대 일원 생태조사결과 종합보고서』, 2003). 자연 훼손지역에 대한 생태계 복원을 시작할 경우 50년 후의 모습이 바로 이 지역에 있으며, 바로 이 점에서 비무장지대 일원은 세계적으로도 가치가 매우 높다고 할 수 있다.

하지만 비무장지대 일원이 갖는 생태적 가치에 대해서는 엇갈린 평가가 나온다. 먼저 환경부에서 조사한 자료를 보면, "비무장지대 일원은 50여 년 동안 군사목적으로 민간인 출입이 통제되어 우수한 생태계가 유지되고 있을 뿐만 아니라 희귀 동·식물을 포함한 수천여 종의 동·식물이 서식하는 등 생물다양성이 뛰어난" 지역이라는 것이다(앞의 책, 31쪽).

구체적으로 비무장지대 및 인접지역에는 식물 1,597종(전체 식물의 34%), 어류 106종(전체 어류의 12%), 양서·파충류 29종(전체 양서·파충류의 71%), 조류 201종(전체 조류의 51%), 포유류 52종(전체 포유류의 52%) 등이 있는 것으로 조사됐다. 아직 발견되지 않은 동·식물까지 고려할 때 비무장지대 일원은 〈표〉에서 볼 수 있듯이 다양한 생물종을 가진 생물다양성의 보고라 할 수 있을 것이다(앞의 책, 31쪽).

그러나 다른 한편에선 이러한 생태적 평가에 이의를 제기하기도 한다. 비무장지대는 들짐승이나 산짐승이 살 만한 터전이 적잖이 훼손됐으며, 그 안의 야생동물들은 남측의 철책선과 북측의 고압선 사이에 갇혀 있다는 것이

〈표〉 비무장지대 일원의 생태계 조사 결과

| 구분 | 주요 내용 |
|---|---|
| 포유류 | • 물범, 수달, 산양 등 천연기념물 서식<br>• 삵, 대륙목도리담비 등 국제적 보호종 서식 |
| 양서·파충류 | • 금개구리, 맹꽁이 등 양서류 분포<br>• 남생이, 구렁이, 까치살모사 등 파충류 서식 |
| 조류 | • 검독수리, 재두루미, 황조롱이 등 법정보호종 분포 |
| 어류 | • 어름치, 묵납자루, 열목어, 두우쟁이의 법정보호종 분포<br>• 국내 고유종을 포함하여 다양한 어류 서식 |
| 식물종 | • 보호야생식물인 깽깽이풀, 왕제비꽃, 기생꽃, 삼지구엽초, 왜솜다리 등 다수의 한국특산종을 포함한 다양한 식물상 분포 |
| 기타 | • 왕은점표범나비, 큰자색호랑꽃무지 등 보호 야생종을 포함한 약 천 여종의 곤충 서식<br>• 282종의 버섯류 및 목질부후균류와 55종의 지의류 분포 |

* 자료 : 환경부, 『비무장지대 일원 생태조사결과 종합보고서』, 2003, 31쪽.

다. 따라서 비무장지대가 생태적 보고라는 주장은 학계와 언론에 의해 과장됐다는 게 이들의 주장이다[이해용, 『DMZ 이야기』, (눈빛, 2008)]. 오히려 이 점에서 비무장지대보다는 민통선 지역이 생태적 가치가 더 풍부하다고 볼 수도 있다.

한 걸음 물러서 생각할 때 비무장지대의 가치를 과대평가하거나 과소평가할 필요는 없다. 일부 지역은 훼손됐을 수 있지만, 일부 지역은 생태적으로 매우 중요한 의미를 갖고 있다. 지나온 시간이 아니라 앞으로의 관리가 더 중요하다. 바로 이 점에서 비무장지대 일원의 환경을 어떻게 보호하고, 또 이 지역에 거주하는 이들의 삶과 어떻게 공존시킬 것인가에 대한 구체적인 대안을 마련해야 할 것이다.

## 신탄리역에서 꿈꾸는 유럽행 열차

마지막으로 찾은 곳은 신서면 신탄리역이었다. 신탄리역은 끊어진 경원선의 마지막 역이다. 경원선은 일제 시대인 1914년 개통된 서울과 원산을 잇는 철도다. 그 길이가 224km에 달하는 경원선은 전철 구간을 포함해 현재 용산역과 신탄리역 사이의 89km만 운행되고 있다.

먼저 역사驛舍를 구경하고 역사에서 조금 북쪽에 떨어져 있는 철도 중단점까지 걸어갔다. 서울에서 의정부와 동두천을 거쳐 달려온 경원선이 여기서 끊어진다고 생각하니 감회가 새롭지 않을 수 없었다. 초여름 긴 해가 뉘엿뉘엿 서산으로 지고, 고대산 쪽으로 집으로 돌아가는 듯한 산새들이 날아가고 있었다.

2000년 6월 남북정상회담이 열린 후 끊어진 경원선의 복원이 논의됐다. 경원선은 북한의 원산과 러시아의 블라디보스토크를 통해 모스크바는 물론 유럽 여러 도시들과 직접 연결될 수 있다. 시베리아 철도를 통해 사람은 물론 물류가 수송되면 그 시간과 비용이 크게 절감될 것으로 예상되고 있다. 어두워지기 시작하는 경원선 철도 중단점에 서서 언젠가 이 길이 이어지는 날이 오면 베를린행, 파리행, 런던행 열차를 타는 꿈을 꾸지 않을 수 없었다.

철도 중단점에서 신탄리역으로 다시 걸어오면서 지난번 김포와 강화 기행에서 생각했던 동북아 시대를 다시 한 번 떠올리게 됐다. 동북아 평화체제가 구축되기 위해서는 다음과 같은 전략들이 구사돼야 한다.

먼저 평화와 번영의 동시병행, 동북아 공동체의 지향, 정부와 시민사회의 다층적 협력의 일반 원칙에 대한 동북아 주변 국가들의 공감대가 형성돼야 하고, 우리가 이를 주도적으로 제안하고 이끌어내야 한다.

동시에 기존의 이념 구도에 기반한 현실 인식을 더욱 전략적이고 유연한 현실 인식으로 변화시켜야 하며, 대립 관계가 아닌 공동체적 관계를 위한 섬세한 외교적 역량을 갖추고 노력을 기울여야 한다. 특히 이런 대외 전략의 방향성은 외교 및 안보 협력뿐만 아니라 경제 및 사회·문화 협력의 활성화로 구체화돼야 한다.

동북아 공동체가 진정한 지역 공동체로 나아가기 위해서는 역내 관련 국가의 시민들 사이에 공동체 구성원으로서의 정체성이 공유돼야 한다. 이와 관련해선 군사적 긴장 완화와 더불어 경제 협력 및 사회·문화 협력이 중요하다. 그동안 우리 사회는 동북아의 사회·문화적 협력에서 상당한 역할을 해왔는데, 앞으로 이런 역할을 더욱 강화할 필요가 있다.


## 사슴벌레와 장수풍뎅이에 대한 추억

동북아의 미래에 대한 두서없는 생각들이 꼬리에 꼬리를 무는 사이 연천을 떠난 버스는 한탄강을 건너 동두천을 가로질렀다. 문득 창밖을 내다보니 의정부를 지나고 있었다. 의정부는 내가 열 살부터 유학을 마치고 돌아와 서울로 이사 오기 전까지 살았던 곳이다. 자연 아버지를 떠올리지 않을 수 없었다.

양주에서 의정부로 이사를 나온 이후에도 아버지로부터의 학습은 끝나지 않았다. 아버지가 일찍 퇴근하시는 날이면 우리는 함께 자전거를 타고 교외로 나가곤 했다. 1970년대 초반 격렬한 산업화와 도시화의 한가운데 놓여 있던 도심에서 조금만 벗어나도 거기에는 한적한 시골 풍경이 펼쳐 있었다.

"얘야, 이게 넓적사슴벌레고 저게 장수풍뎅이란다. 장마가 끝나면 장수풍뎅이가 나타나 넓적사슴벌레를 밀어내고 참나무를 차지하게 된단다." 돌아가신 지 3년이 지났건만 너무도 익숙한 아버지의 목소리가 들리는 듯도 했다.

고개를 들어 보니 버스는 의정부를 막 벗어나 동부간선도로로 들어서고 있었다. 아버지와의 추억과 함께 떠난 연천에로의 짧은 여행도 어느새 끝나가고 있었다.

(2009. 7. 7)

# 천혜의 생태계가 지뢰와 뒤섞여 있는 땅

그날도 이른 아침 한강 하구에는 안개가 끼어 있었다. 강변북로와 자유로를 따라 연천으로 가는 동안 한강과 임진강을 경계로 남북한 사이에는 희미한 안개가 끼어 있었고, 그 사이로 북녘땅이 보이다 안 보이다를 반복했다. 마치 안개연기 자욱한 오래된 극장에서 선명하다가 흐릿해지고 다시 선명하다가 흐릿해지기를 반복하는 영화의 한 장면을 보는 것 같았다.

아침 8시, 아침밥을 먹기 위해 백학면의 어느 버스 종점 부근에 차를 세웠다. 버스 종점에는 조그만 상가가 형성되어 있었다. 열댓 개의 상점들이 눈에 들어왔는데 반 이상의 상점 간판에는 '땅'이나 '부동산'이라는 글자가 있었다. 한 떼의 초등학생들이 동그란 원 안에 명조체로 '땅'이라는 글자가 크게 쓰여 있는 부동산중개소 앞을 지나 무심히 등굣길을 재촉하고 있었다. 초등학교 1~2학년 정도 될 법한 학생 중에서 안경을 쓴 학생들을 자주 발견할 수 있었다. 간단한 아침밥을 먹고 나서 종점다방에 들러 커피를 주문했다. 수십

년 전에 마셨을 법한 맛과 모양의 커피였다. '땅'이라는 글자, 안경 쓴 초등학생들, 그리고 크림과 설탕 덩어리 커피가 공존하는 아침 종점의 풍경이었다.

## 발이 묶인 한반도 번영의 중핵지대

오늘 방문하는 연천은 회환과 기대, 그리고 좌절이 뒤엉켜 있는 곳이다. 지난 시절 경기 북부 접경지대와 연천군에 대한 미래 구상은 여러 차례 있었다. 제4차 국토종합계획 및 수정계획(2006~2020)에서는 국토개발 6대 전략 중 하나로 '동북아시대의 국토 경영과 통일기반 조성'이 제시된 바 있다. 이 계획의 구체적인 목표 가운데 하나가 '번영하는 통일 국토'다. 한반도의 평화와 공존을 위해 접경지역에 평화벨트를 조성하고 북한 지역 개발을 위해 남북한 협력 체계를 확립한다는 내용이다.

경기도 접경지역 계획(2003~2013)에서는 남북 교류 협력과 통일시대에 대응한 접경지역의 공간적 통합, 정주환경 개선과 지역 개발 활성화를 통한 낙후 지역 관리, 그리고 자연생태 보전과 지속가능한 개발의 달성 등을 접경지역 개발 목표로 제시했다. 이를 위해 연천군에는 평화 관광도로 조성 사업, 남북한 통일 · 생태교육기관 건립 사업, 남북 교류 협력단지 조성사업 등이 계획되어 있다. 작년 말 발표한 경기개발연구원의 경기 북부 미래 구상에서는 통일시대 한반도 및 경기 북부의 비전으로 대륙과 해양을 연결하는 가교의 중심지, 한반도 번영의 중핵지대, 생태환경의 보고이자 새로운 관광의 처녀지, 그리고 냉전을 극복한 평화와 협력의 공간이라는 구상이 제시되었다. 다양한 이름의 계획들이 모두 통일시대 이후 한반도 번영의 중핵지대라는 개념 하에서 평화와 협력의 공간, 그리고 생태의 보고로 경기 북부와 연천을 바라보고 있다.

그러나 요란한 미래 구상과는 달리 경기도 북부 접경지역의 현실은 착잡하기만 하다. 미래 구상이 전혀 발 디딜 틈도 없이 경기 북부 접경지역에는 거미줄처럼 다양한 규제가 얽혀 있다. 이 지역에서의 개발 행위는 다양한 제한을 받는데, 그중에서도 국토이용관리법, 군사시설보호법, 수도권정비계획법 등이 직접적인 영향을 미친다. 경기 북부 지역은 수도권에 해당되어 수도권 정비계획의 골격을 준수해야 한다. 군사지역에 속하는 지역의 경우에는 군사적 토지 이용을 저해하지 않는 범위 내에서만 개발이 허용된다. 연천군의 경우 거의 전 지역이 군사시설 보호구역인데 통제보호구역과 제한보호구역이 각각 29.8%와 70.2%를 차지한다. 이 중에서 지역 개발 가능성이 있는 행정위임 구역은 연천군 전체 면적의 7.0%에 불과하다. 수도권정비계획에 따르면 경기 북부 지역은 성장관리지역, 그리고 일부는 자연보전권역으로 규제를 받으며, 또한 상수도보호구역으로 지정되어 개발 규제를 받고 있다. 통일시대 한반도 번영의 중핵지대라는 미래 비전과, 요원하게 보이는 통일시대와 규제덩어리 지대라는 현실이 모순과 갈등, 그리고 탄성을 자아내게 하는 지역이다.


## 가칠봉 상승관측소와 태풍전망대

첫 방문지인 상승관측소(OP) 가는 길에 검문소가 나타났다. 검문소 위에는 관할 사단장 명의로 6월 민통선 출입 시간이 오전 4시 40분부터 저녁 10시 30분까지라고 적혀 있다. 일반인들은 이 시간 동안에만 민통선 내에 머물 수 있다. 모내기가 끝난 듯한 논 위에는 벌써 허수아비가 세워져 있었다. 아마도 허수아비는 민통선 출입 시간에 관계없이 거기에 하루 종일, 밤새도록, 마음대로 서 있을 수 있을 것이다.

상승관측소의 전면에는 지금도 전쟁이 끝난 것이 아니라 잠시 멈춘 상태라는 의미의 '정전 중'이라는 표어가 붙어 있고, 그날이 정전 2만 399일째임을 알리고 있었다. 상승관측소 부근에는 남북한 간 전쟁과 대결의 현장이 곳곳에 남아 있다. 관측소 부근에는 6.25전쟁 때 영연방국가(영국, 캐나다, 뉴질랜드, 호주) 군인들이 목숨을 걸고 북한군과 치열한 전투를 벌였던 고왕산이 있다. 이 때 희생되었던 영연방 군인들의 묘지가 적성에 있으며, 당시 고왕산 전투에서 생존한 용사 150여 명이 매년 이곳을 방문하고 있다. 상승관측소 부근에는 1968년 청와대에 침투하려고 했던 북한군의 이동로, 즉 김신조 침투라인도 있다.

또한 상승관측소 부근에는 1974년에 발견된 제1땅굴이 있다. 제1땅굴은 횡단면으로 볼 때 위 길이 0.5m, 옆 길이 1.2m, 그리고 아래 길이가 1.1m인 마름모꼴의 형상이다. 정훈장교의 설명에 의하면 북쪽에서 시작해 남쪽으로 향한 제1땅굴의 총 길이는 3.2km정도로 추정되며, 1시간에 1개 연대, 약 1,200명이 이 땅굴을 통해 남쪽으로 침투 가능하다고 한다. 상승관측소가 있는 지점은 서울까지의 직선거리가 52km에 불과하다. 자동차로 이동하는 경우 1시간이면 충분할 거리다. 이 땅굴을 처음 발견한 사람은 구정섭 중사다. 구 중사는 제대 이후 지금은 제주도에서 감귤농장을 하고 있다고 한다. 땅굴을 발견한 구 중사가 재배한 제주도 감귤은 어떤 맛일까?

땅굴 발견 이후 군사분계선으로부터 2km 떨어져 있던 철책선이 1.2km 떨어진 지점으로 이동했다. 북쪽의 철책도 최초의 군사분계선보다 안쪽으로 들어와 있다. 비무장지대 내에서는 화재가 자주 발생한다. 북쪽 비무장지대에서 화재가 발생해 군사분계선을 넘어오기도 하고, 시계를 확보하기 위해 일부러 불을 피우기도 한다. 북쪽에서 내려오는 불을 막기 위해 남쪽에서 맞불을 놓기도 한다. 어떤 때는 화재가 3개월 이상 지속되기도 한다. 비무장지대

**표지판** 차와 함께 전차의 모습이 그려진 표지판이 이곳이 전방지역임을 일깨운다. 흐드러진 들꽃과 함께 중단된 전쟁의 긴장을 동시에 맛본다. ⓒ이상엽

의 불은 하늘에서 비가 내려서 꺼지기도 하고, 또는 스스로 불길이 약해져 꺼지기도 한다. 군사분계선 양쪽에는 총을 든 병사들이 있으며, 그 가운데 비무장지대에는 산천초목을 태우는 불이 났다가 꺼지기를 반복하고 있다.

상승관측소에 이어 우리는 태풍전망대를 방문했다. 태풍전망대는 군사분계선까지는 800m, 북한군 초소와는 불과 1,600m 떨어진 곳에 있어서 북한과 가장 가까운 거리에 있는 전망대 중 하나다. 태풍전망대의 전면은 다른 전망대와는 달리 총알이 뚫을 수 없는 방탄유리로 만들어져 있었다. 1992년에 개관한 이 전망대에는 이미 90만 명이 넘는 방문객이 다녀갔다고 한다. 전망대에서 바라보는 북녘땅의 모습은 남쪽과 크게 다르지 않았다. 철책이 있고 간간히 북한군의 GP(감시 초소)가 있다. 다만 남녘땅과는 달리 민둥산의 모습이 자주 목격될 뿐이다. 전망대에서 바라본 우리 GP에는 태극기와 UN기가 함께 걸려 있었다. 정전의 현장을 상징적으로 보여주는 모습이었다.

연천군청으로 향하면서 정훈장교와 이런저런 이야기를 나눴다. 그는 가을에 전역할 예정인데 금년에는 글로벌 경제위기의 여파로 기업들의 장교 출신 채용 인원이 줄어서 걱정이라고 말했다. 최전방을 지키는 임무를 맡은 사단에서 철책 방위를 위해 노력한 군인에게 국가가 해줄 수 있는 일은 무엇일까를 고민하게 된다.


## 연천 사람들과 DMZ

오후에는 연천군청을 방문했다. '한반도의 중심, 로하스 연천'이라는 로고가 눈에 들어온다. 로하스(LOHAS Lifestyles of Health and Sustainability)에 대해 연천군 관계자는 건강과 환경을 해치지 않는 생활스타일을 일컫는 말로, 개인적인 건강과 더불어 환경까지 지속적으로 생각하는 한층 더 높은 차원의 삶을 의미한다고 설명한다.

연천군의 면적은 696.19km²로 서울의 1.14배에 해당되지만, 인구는 2008년 말 기준으로 4만 5,495명에 불과하다. 교육열에 불타는 한국의 현실을 반영하듯 연천군 내에는 초등학교 15개, 중학교 6개, 고등학교 2개 등 총 23개교가 있으며, 학생수가 5,780명에 달한다. 연천군 전체 인구의 무려 12.7%가 초중고생이다. 그러나 고등학교를 졸업하면 이들은 대학 진학이나 취직 등을 위해 연천군을 떠난다. 많은 학생 수에 비해 5인 이상 기업체는 67개에 불과하고, 여기에 종사하는 사람들은 1,554명으로 전체인구의 3.4%에 불과하다. 군사분계선 근처의 다른 지방자치단체와 마찬가지로 재정규모 3,041억 원, 재정자립도 27.1%의 가난한 군이다. 열악한 재정자립도지만 그나마 유류보조금을 제외하면 재정자립도는 15.6%로 떨어진다.

연천군청 관계자는 군 전체 면적의 98%가 군사보호지역이고, 약 30%가 민통선 이북 지역에 속해 있다는 점을 강조했다. 지역 발전과 군사시설 보호라는 갈등 관계는 연천군에서도 어김없이 나타나고 있었다. 연천군 의회는 2008년 6월부터 2009년 3월까지 군사시설 및 군사 활동 피해 조사를 실시했는데, 재산권 피해 62건, 군 주둔 피해 46건, 군사 활동 피해 54건 등 총 162건이 접수되었다. 연천군 의회는 또 군사시설보호지역으로 인해 발생한 규제를 개선하기 위해 군사 피해 홍보영상물도 제작하기로 했다. 의회가 채택한 '수도권 규제 철폐 및 지역 발전 지원 촉구 결의안'의 네 번째 항목에는 지역 발전을 저해하는 군사보호시설 보호구역 완화 및 군사훈련장·사격장을 조속히 이전하라는 내용이 들어가 있다.

이와 같은 갈등도 있지만, 한편으로 연천군과 군軍은 다양한 방법으로 협조 관계를 만들어나가고 있었다. 먼저 연천군이 전방의 전망대를 관광 자원화하고 군은 이에 협조하는 양식이 있다. 이러한 작업의 일환으로 연천군은 2008

고랑포 임진강 북안에 위치한 주요 포구였으나 지금은 빈 배만 지키고 있다. 남북의 주요 수계 상에 있기 때문에 한 국전쟁 당시 이곳에서는 격전이 벌어졌다. ©이상엽

년 8월부터 2009년 2월까지 6억 5,000만 원을 들여 열쇠전망대에 전시시설을 설치했다. 전시물에는 DMZ에서 발견된 녹슨 철모, 노출된 지뢰 등 분단의 상흔과 통일의 희망을 담은 영상물, 그리고 DMZ의 생태계를 연출한 생명의 요람 등이 포함되어 있다. 또한 태풍전망대의 경우에도 2008년 8월부터 2009년 3월까지 2억 5,000만 원을 들여 내부 및 외부의 바닥 교체, 방송 및 영상 브리핑 장비 등을 보강했다. 과거에는 안보의 기지로만 여겨지던 철책선의 전망대를 관광상품화하여 군에서는 국민들의 안보 의식을 강화하고, 연천군에서는 관광객 유치를 통해 지역 발전을 도모하고 있는 모습이었다.

다른 한편으로는 DMZ 일원 평화생태공원 조성 사업과 임진강 고랑 포구 및 1.21침투로 역사·문화관광지 조성 사업이 진행되고 있었다. 평화생태공원 조성 사업은 경기도가 추진하는 사업으로 연천군 중면 횡산리에 야생동물 보호센터 및 임진강역사문화센터 건립, 태풍전망대 철책선 걷기(500m), 생태 탐방대(생태 습지원, 조류관찰소 등) 등을 조성하는 사업이다. 2009년부터 2012년까지 추진되는 이 사업은 약 100억 원의 예산이 소요될 것으로 예상되며, 태풍전망대 옆 철책선 걷기는 해당 군부대와 협의 중이라고 한다. 역시 같은 기간에 진행하려고 하는 임진강역사문화센터 조성 사업은 조선시대 말 경기 북부 최고의 무역항이었던 임진강 고랑 포구와 1.21침투로의 체계적인 정비를 통해 지역 내 문화관광을 활성화하려는 사업이다. 현재 대상 토지를 매입하는 절차에 들어가 있으나, 아직까지 전체 소요 예산조차 확정하지 못한 상태다.

2020년 연천군 기본 계획에 의하면 연천군의 미래상은 통일을 준비하는 남북교류협력 거점도시, 역사·문화·생태 관광도시, 그리고 자연과 조화되는 도농복합형 정주환경 도시이다. 지리적 위치로 볼 때 남북교류협력도시로서 연천은 가능성은 있지만, 이웃하는 파주에 비해서 상대적 우월성이 있느냐 하는 부분은 보다 심도 있는 고민이 필요할 것이다. 연천군은 역사 및 문화면에서 다양한 강점을 보유하고 있다. 예를 들어 사적 제268호로 지정된 전곡리 선사유적지는 세계적으로 주목받는 선사유적지이다. 서울대 김원용 교수팀의 연구에 의하면 이 지역은 구석기시대의 직립원인(약 50만 년 전에 생존, 1981년 자바 섬에서 발견) 또는 네안데르탈인(제4빙하기에 생존, 1857년 네안데르탈 회석동에서 발견)이 살았던 것으로 추정된다. 이외에도 고려 태조인 왕건의 영혼이 머무르는 숭의전지, 경주를 벗어난 유일한 신라 왕릉인 경순왕릉을 비롯해 고구려성 등의 유적지가 있다. 그러나 이러한 역사관광자원이 타 지역, 예를 들어 앞서 방문했던 강화도 지역에 비해 월등히 우수한 조건을 갖추고 있다고 보기는 쉽지 않다.

결국 DMZ 및 민통선 지역에 보존된 천혜의 생태 자원을 활용해 산업화된 시대에 자연환경이 잘 보전된 청정생태도시로서의 연천을 만드는 일이 최적인 것으로 보인다. 그러나 현실적으로 생태환경의 보고는 민통선이 가로막고 있으며, 설령 민통선 지역 내부에 들어간다 하더라도 아직도 곳곳이 지뢰밭이다. DMZ라는 천혜의 자연생태 보고가 있으나, 남북관계의 획기적인 개선이 전제되지 않는 한 일반인들이 이 미지의 땅에 발을 딛기는 요원한 일이다. 이제 겨우 환경 및 생태 전문가들이 유엔사령부의 허가를 받은 뒤 조심스럽게 DMZ 내부에서 탐사활동을 벌이고 있는 단계다. 민통선 내에서 생태관광 관련 사업을 벌이고 있지만 직접적으로 DMZ를 이용하거나 체험하지 못하는 생태관광은 현실적으로 타 지역에 비해 경쟁력이 높다고 보기 어렵다. 보다 적극적인 관점에서 고려해볼 때 DMZ 내에 남북이 공동으로 생태보전지역을 지정하고 이를 공동 개발하는 방안도 생각해볼 수 있다. 현재 상태에서는 요원해 보이는 일이지만, 이러한 일이 가능할 그날을 위해 지금부터 차곡차곡 준비를 해나갈 필요가 있다.

국방을 위한 희생과 보상

　오후 늦게 우리는 열쇠전망대를 찾았다. 열쇠전망대로 가는 길에는 '다섯 번째 땅굴은 우리 사단이 찾자'라는 구호가 눈에 들어왔다. 마침 방문 당시가 북한이 핵실험을 한 직후라 남북 간에 긴장이 고조되고 있던 터였다. 열쇠전망대 부근에서는 사단 내의 핵심인사들이 모여서 회의를 하는 듯이 보였다. 여러 대의 군용 지프가 동시에 집결해 있었고 운전병들은 기다림에 지친 듯이 무표정한 모습으로 서 있었다. 열쇠전망대는 이제까지 우리가 찾아간 전망대 중에서 가장 높은 위치에 있는 듯했다. 전망대 아래에는 절경이 끝없이 펼쳐졌고, 북녘땅은 손에 잡힐 듯이 바로 곁에 있었다. 다만 어느 방향으로 보아도 남쪽에 길게 늘어선 철책, 그리고 북쪽에도 길게 늘어선 철책이 들어와 있다.

　연천에서의 마지막 방문지는 신탄리역이었다. 경원선 기차가 멈추는 마지막 역이다. 신탄리에서 동두천까지 1시간 간격으로 기차가 운행되고 있었는데 요금은 1,000원이며, 47분이 소요된다. 실제로 철길은 신탄리역을 조금 지나 끝났다. 조만간 경원선 열차는 철원까지 연결될지도 모른다. 그러나 철원을 넘어 평강으로 그리고 원산과 금강산까지 경원선 기차가 연결될 시기는 아무도 모른다.

　연천군의 숙원사업 중 하나는 현재 동두천시 소요산역에서 끝난 경원선 전철을 연천군 신탄리역까지 연장하는 사업이다. 2007년에 작성된 2020년 연천군 기본계획에서는 2010년에 경원선 전철 복선화를 상정하고 이에 따라 2020년까지 연천군의 인구가 2만 6,000명 증가할 것으로 기대하고 있다. 2만 6,000명은 2008년 말 현재 연천군 인구의 57.1%에 해당된다. 동두천 소요산역에서 연천역까지(18.2km) 복선으로 경원선 전철을 연장하는 사업은 금년 기획재정부 심의에서 예비타당성 조사 용역 대상 사업에 포함돼 현재 용역이 진행 중이다. 전철 연장 구간은 소요산역에서 한탄강역, 초성리역, 전곡역을

철책선 걷기 한국관광공사와
인천공항면세점 직원들이 열
쇠전망대 부근 철책을 걷고
있다. 걷기 운동이 한창인 요
즈음, 안보관광의 일환으로
만들어진 행사였다. ⓒ조우혜

거쳐 연천역에 이르며 또한 더 나아가면 연천역에서 신망리역, 대광리역을
거쳐서 현재 철도의 경원선 종착역인 신탄리역에 도착한다.

　　지역의 오랜 숙원사업이던 경원선 전철의 실현가능성에 한 걸음 다가서면
서 동 사업에 대한 주민들의 관심과 열망은 뜨겁게 표출되고 있으나 현재 단
계에서 결과는 예단하기 쉽지 않다. 연천군 내의 사회단체로 구성된 '지역
발전 비상대책위원회'가 주민 2만여 명의 서명을 받아 국토해양부와 기획재

정부 등에 경원선 전철을 연천역까지 연장해달라는 건의서를 제출했다. 또한 연천군 의회는 강원도 철원군 의회를 시작으로 의정부시, 양주시, 동두천시, 포천시의 의회들을 잇달아 방문해 경원선 전철 연장 사업이 조기에 착공될 수 있도록 협조를 요청해 동의를 받기도 했다. 연천군은 수도권정비계획법, 군사기지 및 시설보호법 등 각종 규제와 접경지역에 위치해 안보 논리에 희생된 보상 차원에서라도 경원선 전철 사업을 추진할 것을 요구하고 있다. 그러나 연천군이 인정하고 있듯이 단순히 경제성 측면에서 보면 현재 상태에서 경원선 전철의 연장은 타당성을 확보하기 어려운 것이 사실이다. 국가안보를 위한 지역 발전 희생을 현실적인 측면에서 얼마나 큰 가치로 인정할 것인지에 대한 연구용역 결과가 주목된다.

2012년에는 연천을 남쪽으로 하여 수직으로 잇는 국도 3호선 확장공사가 마무리되고, 연천을 동서로 연결하는 국도 37호선 확장공사가 마무리될 예정이다. 향후 제2외곽순환고속도로가 완공되고, 경원선 복선 전철이 이루어진다면 연천은 더 이상 북쪽에 멀리 떨어져 있는 가기 어려운 곳이 아니라, 언제나 접근 가능한 우리 곁의 연천이 될 것이다.

연천은 아주 먼 옛날부터 사람이 살았던 문명의 중심이며, 지리적 위치로볼 때 한반도의 중심이다. 그리고 연천은 경원선이라는 미래열차가 통과할 통일의 중심이다. 그러나 연천의 오늘은 천혜의 자연생태계가 지뢰와 섞여 있는 곳, 국토방위라는 대의 앞에 오늘의 경제 활동을 희생당하는 곳, 그리고 어린 아기의 울음소리가 반가운 소외된 경기 북부 지역의 일부일 뿐이다. 통일 이전 시기, 통일 시기, 통일 이후 시기를 감안해 연천군에 대한 단계적 발전 계획이 조속히 수립되어야 할 것이다. 세계 최고의 청정 생태계를 보존하고 있는 인류의 보고로 연천을 만들기 위해 한 걸음 한 걸음 지금부터 시작해야 한다.

유해 발굴 신탄리역에서 만
난 한국전쟁 전사자 유해 발
굴 사업을 홍보하는 사병들.
2010년 전쟁 60년을 맞아
군이 벌이는 사업 중 하나다.
ⓒ이상엽

　서울로 돌아오는 길에는 어둠과 함께 억수 같은 비가 내렸다. 태풍전망대
옆 필승교에 가득했던 새똥 자국의 기억이 생생한 밤이다. 방문자의 눈에 새
똥의 모습은 천연 생태계의 상징으로 보일 수 있지만, 지역민들에게 새똥은
새똥일 뿐이다.

# 유럽행 티켓 '신탄리역'에서 끊어라

사람의 발걸음이 뜸한 경기도 연천군 횡성리. 민통선 안쪽에 위치한 이곳엔 '철새들의 천국' 우안자연지역이 있다. 희귀종인 물억새가 바람결에 하늘거리고, 천연기념물 어름치가 남북을 자유롭게 횡단한다. 그야말로 남북의 생태 통로다. 여기엔 알려지지 않은 또 다른 명물도 있다. 이름 하여 필승교가 그것이다. 1985년 건립된 길이 300m, 폭 8.41m의 조그만 다리인 필승교는 천혜의 자연환경을 잇는 다리엔 어울리지 않는 명칭 같지만 유래를 알면 그렇지 않다. 1981년 횡성리에 무장공비 3명이 출몰했다. 어둠을 뚫고 수중침투를 꾀했던 것. 우리 군은 '1명 사살, 2명 도주'라는 전과를 올렸는데, 이를 기념하기 위해 필승이라는 명칭을 붙인 것이다.

흥미롭게도 이 다리는 이름값을 톡톡히 한다. 남북이 이를 기점으로 나뉘어 실질적인 남방한계선 역할을 한다. 그래서 허가 받지 못한 사람은 다리 밑을 거닐 수 없다. 기껏해야 먼발치에서 바라보는 것만 가능하다. 조그만 다리가 남북의 경계선이 된 곳, 연천의 풍경이다.

연천은 경기도 최북단 도시다. 이곳에 있는 상승관측소에서 개성까지 거리는 대략 30km. 서울—일산 거리 정도다. 태풍전망대에서는 아예 북녘땅이 손에 잡힐 듯하다. 날씨가 좋으면 화전하는 북한 주민의 모습도 또렷하게 관측된다. 태풍전망대에서 보이는 DMZ 풍경은 장관 중 장관이다.

우거진 수풀과 나무가 녹색 바다를 이루며 물결친다. 주변 숲이 완전히 복원되면 최상의 두루미 서식지가 될 것이란다. 한국전쟁 이후 인간의 손때가 묻지 않은 덕분이다. 자연은 이처럼 화려한 미를 한껏 뽐내지만 한가롭지도, 여유롭지도 않다. 오히려 긴장감이 가득하다. 숨통을 막을 듯 길게 늘어선 2중, 3중의 철책 탓이다. 사람이 맘 놓고 거닐 수 있는 통로는 없다. 마음의 다리마저 끊긴 곳, 바로 연천 DMZ다.

"다리란 너와 내가 가까워지기 위해서 실핏줄처럼 이어놓은 것

한 시대를 넘어도 끊어질 수 없는 것

우리는 단절된 것을 애태우지만 마음속에 다리 하나를 놓지 못한다

누구든 만나서 뜨거운 피를 돌게 해야 한다

(중략)

빠른 물살 다 흘러가기까지

이제는 누군가의 다리로 일어서서

발목이 쉬도록 오래 나이를 먹어야 할 일이다"

(최충식 시인의 「오래된 다리」 중)

연천의 좌표는 동경 127도, 북위 38도. 명실상부한 한반도의 중심, 중부 원점이다. 경기도가 2011년 6월까지 137억 원을 들여 연천군 군남면 남계리, 전

곡읍 마포리, 미산면 동이리 등 3개 지역 76만m²에 자연생태 체험파크를 조성하는 이유다. 연천군도 중부 원점에 상징 조형물을 설치하고, 관광자원으로 활용할 계획이다. 군 관계자는 "그동안 가상의 위치로만 존재했던 원점을 복원해 연천군이 한반도의 중심점이라는 상징성을 부여하겠다"며 "이를 통해 군의 브랜드 가치를 높일 방침"이라고 말했다.

그러나 중심이 꼭 명예로운 것은 아니다. 어쩌면 비극과 갈등의 씨앗일지 모른다. 역사 속 연천은 '분쟁'으로 점철되어 있다. 고구려 · 백제 · 신라는 이곳을 차지하기 위해 수백 년간 접전을 펼쳤다. 영토 확장정책을 적극 추진했던 고구려 광개토대왕과 신라 진흥왕이 남진 · 북진책의 일환으로 노린 첫째 지역도 연천이다. 자고 나면 주인이 바뀌는 게 한반도의 중심 연천의 숙명이라는 얘기다.

현대사를 봐도 그렇다. 한국전쟁 때, 이곳은 격전의 현장이었다. 연천군 신서면과 강원도 철원군 철원읍의 경계를 이루는 해발 832m의 고대산에선 한국전쟁의 최대 격전지 백마고지가 보인다. 남북 분단으로 허리가 두 동강 난 연천은 그래서 중부 원점보단 경기도 최북단 도시로 불리는 데 익숙하다. 한반도 중부 원점 연천의 절절한 아픔이다.


## 한반도 중심이 경기도 최북단으로 전락

중심을 잃으면 균형감각을 상실한다. 그러면 올곧은 길을 갈 수 없다. 길을 잘못 들거나 낭떠러지로 추락하게 마련이다. 비유하자면 연천 경제가 그렇게 보인다. 분단으로 한반도의 중심 자리를 잃은 연천 경제는 경기도에서도 하위권이다. 재정규모는 연 3,000억 원에 불과하고 자립도는 30% 미만이다. 정부 · 광역자치단체의 지원이 없으면 '나 홀로 생존'이 불가능하다. 각종 규제

때문에 쉽게 개발을 꾀할 수 있는 처지도 아니다. 이런 악조건 속에서도 연천군은 나름의 발전정책을 추진하고 있다. 초점은 생태개발. 2004년 첫 삽을 뜬 고대산 평화체험특구엔 통일주제공원·통일기념관·병영체험시설·자연생태공원이 들어설 계획이다.

총 사업비 284억 6,400만 원에 이르는 대규모 사업. 이 가운데 180억 원은 군비다. 임진강·한탄강 합수머리엔 761m² 규모의 생태체험파크가 조성되고 있고 휴양문화·공공편익·운동오락시설이 들어선다. 연천 DMZ 로하스 유기농 클러스터 구축사업도 눈길을 끈다. 농촌체험과 지역관광을 연계하고, 그 속에 유기농 클러스터를 세우겠다는 구상이다.

군 관계자는 "연천 개발의 핵심은 생태"라며 "천혜의 자연환경을 가진 DMZ를 연결하는 각종 장기계획을 수립해 추진하고 있다"고 말했다. 기업유치 활동도 제법 활발하다. 업체당 5억 원 이내의 중소기업 육성자금을 지원하고, 경기신용보증재단의 특혜보증도 해준다. 대규모 산업단지 조성계획도 추진하고 있다.

군은 백학산업단지 착공을 기점으로 '희망 연천'의 시그널을 이미 쏘아 올린 상태. 2007년 9월 기공식을 갖고 본격적 단지조성 및 분양에 들어간 이 단지는 사업비 755억 원을 투입해 39만 9,507m² 규모로 조성되고 있다. 기계 및 장비 제조업체, 조립금속 제조업체, 전자부품 및 통신장비·화학제품 제조업체를 위한 특화 산업단지 조성이 목표다.

이 단지는 37번 국도 변에 있고, 파주LCD 산업단지와도 가까워 접근성이 탁월하다. 동두천 1·2산업단지, 양주 구암·검준 산업단지와 산업벨트를 이룰 수 있다는 장점도 있다. 이 밖에 군남면 옥계리에 조성되는 로하스 파크도 주목된다. 여기엔 특산물 판매장, 인삼 제조 가공 시설이 들어설 예정이다.

앞의 사진 이른 아침의 긴장 연천 시내 근처의 너른 들에서 군 작전이 벌어지고 있다. 서울에서 조금 벗어난 곳에 이러한 풍경이 있다는 것은 동시에 긴장감을 주기 충분하다. ©조우혜

## 연천 '브리지 경영법' 필요

그러나 이러한 노력들도 한계가 뚜렷하다. 98%에 이르는 군사시설보호구역은 연천의 발목을 낚아채기 일쑤다. 토지의 형질 변경, 가설물 하나 만들기도 쉽지 않은 게 이들의 냉혹한 현실이다. 연천 경제가 회복할 수 있는 방법은 의외로 간단하다. 전문가들은 "한반도의 중심 기능을 회복하면 된다"고 말한다. 남북 화해가 추락하는 연천 경제에 날개를 달아줄 것이라는 지적이다. 과장된 말이 아니다. 가능성은 충분하다.

한반도 통일시대에 대비한 '대륙철도 구상안'을 보자. 첫째 축은 환황해권이다. 목포(부산)—군산(대구)—인천(대전)—서울—개성—평양—신의주를 거쳐 중국과 유라시아로 연결된다. 울산—포항—강릉—속초—원산—함흥—청진을 통과해 러시아로 가는 환동해권이 둘째 축이다. 이 축은 특히 러시아 블라디보스토크에서 시작해 서유럽까지 이어지는 9,200km 노선으로 주목받고 있다. 이런 두 축을 연결하는 고리가 바로 서울—원산을 잇는 총 연장 224km의 경원선이다. 그 중심에 다름 아닌 연천이 있다. 연천에 있는 경원선의 마지막 역사 신탄리역에서부터 철원—평강—안변—원산으로 이어지는 철도가 개통되면 대륙형 철도의 허리가 완성된다. 경원선은 남북분단으로 인해 남측의 경우 신탄리역에서 군사분계선까지 16.2km가, 북측은 군사분계선에서 평강까지 14.8km가 끊겨 있다.

한 경제 전문가는 "우리가 중국·러시아·유럽으로 쉽고 빠르게 진출하기 위해선 도로보다는 대륙지향형인 철도를 건설해야 한다"며 "한반도 허리의 거점인 연천은 이런 맥락에서 매우 중요한 곳"이라고 말했다. 그렇다. 끊어진 남북 다리(철도)를 연결하면 연천이 산다. 연천의 경제 회복은 남북 다리를 언제, 어떻게 놓느냐에 달렸다는 이야기다.

## "통일, 잠시라도 쉬면 멀어진다"

절단된 경원선의 애통함이 가득한 신탄리역. 끊어진 선로에 낯선 글귀가 보인다. '한민족이 언젠가 통일되기를……' '기차 타고 우리 자손들이 북녘 원산으로 여행 갈 수 있기를……' 2006년 평화대장정에 나섰던 어떤 대학생이 화이트로 정성스레 쓴 것이다. 하지만 그 대학생의 희망은 '아직도'다.

오히려 북핵 위기 탓에 절망이 커졌다. 새로운 미래를 보여주는 지표도 불투명하다. 이 글을 얼마나 봤던 것일까? 먼발치에서 취재진의 목소리가 들린다. 이 생각, 저 생각에 잠시 머물렀을 뿐인데 일행은 어느덧 100m 앞에 가 있다. 따라가려니 숨이 턱밑까지 찬다. 순간, 분단의 냉혹한 현실이 오버랩 된다.

통일, 잠시라도 쉬면 멀어진다. 함께 뛰지 않으면 앞당길 수 없다. 누구는 대화를 촉구하고, 누구는 미사일을 쏴선 곤란하다. 남북을 연결할 수 없다면 마음의 다리부터 놓아야 한다. 다리는 너와 내가 가까워지기 위해 실핏줄처럼 이어 놓은 것이라고 하지 않았던가? 한 시대를 넘어도 끊어지지 않는 마음의 다리, 이제는 세워야 할 때가 아닐까? 연천도 그래야 희망의 새싹을 틔울 수 있다.

# 살아 있는 지리와 역사 체험 교실

한반도에는 남과 북을 나누는 두 개의 선이 있다. 하나는 해방과 6.25 전후에 인간들이 그어놓은 정치적 분단의 선이고, 다른 하나는 수억 년 전 지구가 만들어낸 자연의 선이다. 앞의 선을 흔히 휴전선이라 부르고, 뒤의 선은 추가령구조곡이라 부른다. 추가령은 지금의 북한 땅인 함경남도 안변군과 강원도 세포군(옛 평강군) 사이에 위치한 높이 586m의 낮은 산이자 고개로, 이 추가령에서부터 남서쪽으로 서해까지 길게 이어진 골짜기들이 바로 추가령구조곡이다. 이 추가령구조곡을 기준으로 쉽게 말해 한반도의 지형은 북부형과 남부형, 산악지역과 평야지역으로 대별된다. 북쪽과 동쪽이 높고 서쪽과 남쪽이 낮은 한반도의 지형적 특징을 상징하는 선이 바로 이 추가령구조곡이다.

이처럼 한반도를 남과 북으로 나누는 두 개의 선을 동시에 눈으로 확인할 수 있는 곳이 바로 경기도 최북단의 연천군이다. 동서로 길게 이어진 철책선

과 더불어 추가령구조곡을 이루는 대표적인 골짜기인 임진강이 북에서 내려
와 서쪽으로 흐르는 곳이 바로 연천이다.


## 서로 다른 남북의 지형이 만나는 곳

추가령구조곡은 분명히 남과 북을 지질학적으로 가르는 경계선이지만, 남
과 북의 높은 산 사이 좁은 골짜기에 삶의 터전을 가꿀 수밖에 없었던 가난한
사람들에게는 반드시 필요한 연결 통로가 되기도 했다. 임진강 거친 물결을
타고 오르내리며 북쪽 골짜기와 남쪽 골짜기의 백성들은 서로 무언가를 나누
고 전하면서 한 덩어리로 살아왔다. 이것은 결코 비유가 아니며, 서울과 원산
을 잇던 3번 국도와 이 국도를 따라 건설된 경원선 철길이 모두 추가령구조
곡을 따라 남북을 연결하던 길들이다. 남과 북 사이에 추가령구조곡이 없었
더라면 물길도 막히고 사람의 왕래도 수월치 못했을 것임은 자명하다.

이런 추가령구조곡의 핵심 줄기를 이루는 것이 임진강이다. 북에서 발원
한 임진강은 연천에 이르러 남한의 땅으로 흘러든다. 연천에 도달한 임진강
은 다시 험준한 동쪽에서 온 한탄강과 합쳐져 그 빠른 물살을 누그러뜨리며
경기도 서쪽의 낮은 땅으로 순하게 흘러간다. 그 결과 연천에는 빠르고 깊은
물과 느리고 얕은 물이 동시에 존재하게 되는데, 그 유역에 모험 레포츠 시설
과 아이들을 위한 물놀이 시설들이 점점이 들어서 있다. 추가령구조곡 양편
으로는 역시 험악한 산지와 낮고 평평한 대지가 동시에 존재해서 연천은 그
야말로 산과 물이 어우러진 천혜의 관광지가 되었다.

우리나라에서 일곱 번째로 큰 강인 임진강은 함경남도 덕원군 두류산에서
발원해 254km를 남서 방향으로 달리다가 파주시 탄현면, 지금의 통일동산과
오두산전망대가 있는 부근에서 한강과 합류한다. 연천에서 북한 지역을 벗어

녹음의 DMZ 열쇠관측소에서
본 북녘의 풍경. 초여름 녹음
이 비무장지대를 채운다.
ⓒ조우혜

나 DMZ를 관통한 후 남한으로 흘러드는데 아름다운 주변 경관과 수정처럼
맑은 물로 유명하다. 남과 북을 관통하는 강이기 때문에 남북의 분단과 상처
를 상징하는 강이기도 하다.

임진강과 더불어 연천을 흐르는 또 하나의 강이 한탄강이다. 한탄강유원
지가 조성되어 있으며 연천의 대표적인 물놀이 관광지 가운데 하나다. 전곡
읍을 감싸고 도는 한탄강은 이곳에 이르러 서서히 사람과 더불어 친해질 수
있을 만큼 순해진다. 주변경관이 뛰어나고 바로 인근에 전곡리 선사유적지가
자리 잡고 있다. 전곡리 선사유적지는 연천군이 가장 심혈을 기울여 개발한
관광지여서 편의시설 등이 잘 갖추어져 있다. 돌도끼와 움집을 비롯한 원시
인들의 생활상을 체험을 통해 배울 수 있는 곳이어서 초등학생들에게 인기가

높다.

임진강유원지는 한탄강유원지와 더불어 연천을 대표하는 물놀이 시설이며, 침식하천이 어떻게 생긴 하천인지 눈으로 직접 확인할 수 있는 곳이기도 하다.

연천을 대표하는 또 다른 자연 경관지로 재인폭포와 고대산이 있다. 재인폭포는 연천이나 전곡읍내에서 78번 지방도로를 타고 동쪽으로 30분쯤 달리면 나오는 숲 속의 폭포다. 18m나 떨어져 내리는 물줄기가 장쾌하고, 한여름에도 뼈가 시릴 만큼 물이 차다. 보개산과 한탄강이 어우러져 만들어내는 경치도 그만이다. 인근에 부대가 위치하고 있어 일몰 이후에는 출입할 수 없다.

고대산은 연천에서도 가장 북쪽에 위치한 산이다. 그러므로 경기도에서는 일반인의 등산이 가능한 가장 북쪽의 산이다. 경원선 철도종단점인 신탄리역에서 산행을 시작하며, 표범폭포 등이 볼 만하다.

## 잊혀진 시대, 기억할 역사

연천은 선사시대부터 최근세까지, 각종 역사 관련 유적지가 산재한 지역이다. 단순한 놀이나 휴양이 아니라 아이들에게 선사시대 조상들의 생활상에서 분단의 상처까지를 모두 체험하게 할 수 있는 살아 있는 역사의 교육장이 바로 연천인 것이다.

먼저 전곡리 선사유적지는 우리나라의 대표적인 선사시대 유적지로, 50만년 전에 우리 조상들이 살던 터전이다. 구석기시대의 집터와 돌도끼 등의 생활도구가 발견되었고, 지금은 빼어난 역사 체험 관광지로 조성되어 있다. 각종 유물전시관과 체험시설 등이 마련되어 있고, 매년 어린이날을 전후해 '구석기 축제'가 열린다.

푸른 비무장지대의 숲 산불의 영향을 받기도 하지만 숲의
복원력과 생명력은 보는 이를 압도한다. 우리가 지켜서 물
려줘야 할 흔치 않은 자연의 보고이다. ⓒ이상엽

숭의전지는 고려 태조 왕건의 원찰(願刹)이었던 앙암사 터에 세워진 사당이다. 왕건을 비롯한 고려조 임금 세 사람과 16공신의 위패를 모시고 제사를 드린다. 임진강 강변의 깎아지른 단애 위에 단아하면서도 위엄 있는 자태로 건물들이 들어서 있다. 민통선 가까운 곳에 있는 터라 많은 사람들이 찾는 명소는 아니지만 다녀온 사람들은 반드시 다시 찾게 되는 명승지다.

경순왕릉은 신라의 마지막 임금이었던 경순왕의 능으로, 경주 외의 지역에 위치한 유일한 신라 임금의 능이기도 하다. 왕건의 포로나 다름없는 생활을 영위해야 했던 경순왕은 개성에서 노후를 보내다가 이곳 연천에 묻힌 것이다. 인근에 고구려 시대의 성벽인 호로고루성, 1.21무장공비 침투로 등이 있다.


## 상승, 태풍, 열쇠의 3색 전망대

6.25전쟁 당시 연천은 대표적인 격전지였을 뿐만 아니라 그 이후에도 여러 차례 북한의 도발이 자행된 곳이다. 그만큼 상처가 많은 땅인데, 지금은 오히려 북녘의 산하를 가장 세세하게 볼 수 있는 전망대들이 가장 많이 밀집해 있는 곳이 되었다.

현재까지 발견된 북한의 남침용 땅굴은 모두 네 개다. 이 가운데 가장 먼저 발견된 제1땅굴이 연천에 있다. 1974년에 발견된 이 땅굴은 민간인은 물론 군인들의 접근도 차단되는 남방한계선 안쪽, 즉 DMZ 내에 있기 때문에 인근의 상승관측소(OP)에 모형 땅굴을 만들어 전시하고 있다. 상승관측소의 전망대에서는 북한의 철책선과 군인들의 활동 모습은 물론 비옥하나 버려진 땅이 된 연천평야가 한눈에 내려다보인다. 임금님 수라상에 오르던 백학미가 생산되던 평야가 바로 연천평야다.

경순왕릉 고려에 귀부해 유일하게 경주 밖에 만들어진 신라왕의 무덤이다. 민통선 안쪽에 위치해 있지만 최근 안보관광의 붐을 타고 일부 지역이 해제됐다. ⓒ이상엽

출입절차가 다른 전망대에 비해 비교적 까다로운데, 관할 면사무소인 백학면사무소(전화 031-839-2735)에 방문해서 5일 전까지 신청서를 내고 승인을 받아야 한다.

민간인에게 개방되는 또 하나의 전망대는 태풍전망대로, 임진강이 휴전선을 지나 남한 지역으로 들어오기 시작하는 곳에 위치하고 있다. 북한 쪽 철책과의 거리가 1.6km에 불과해 북녘 산천의 모습이 손에 잡힐 듯이 가깝게 보

인다. 우리 병사들이 종교 집회를 가질 수 있도록 교회, 성당, 법당이 한곳에 옹기종기 세워져 있다. 신분증만 있으면 민통선 경계 초소를 통과할 수 있다. 임진강 강변을 따라 전망대까지 가는 길의 풍경 역시 보기 드물게 빼어나다.

연천에 있는 또 하나의 전망대는 열쇠전망대인데, 연천에서도 제일 북쪽에 위치한 전망대다. 내부 전시실에 북한의 생활용품과 군사 장비 등이 잘 전시되어 있다. 역시 신분증만 있으면 민통선 경계 초소를 통과할 수 있다.


## 신탄리역 경원선 종단점에서

본래는 하나의 나라였으나 이제는 분단으로 오갈 수 없는 나라가 되었음을 상징적으로 보여주는 곳이 철도 종단점의 기차역들이다. '철마는 달리고 싶다'라고 새겨진 종단점 안내판 앞에 서면 더 이상 갈 수 없는 옛 조국의 산천이 소리쳐 부르기라도 하는 것처럼 가슴이 먹먹해지곤 한다. 연천의 신탄리역 역시 경원선 기차가 마지막으로 서는 역이다.

경원선은 서울의 용산과 원산을 잇는 한반도의 대표적인 간선 철도로 일제에 의해 부설되었으며, 이 철도의 완공으로 한반도에는 X자 형의 간선 철도가 완성되었다. 러일전쟁을 위한 군사물자 수송용으로 시작된 경원선 건설 사업이 완료되면서 한반도 북동부의 풍부한 천연자원을 수탈할 수 있는 일제의 통로도 완성되었다.

해방과 함께 신탄리역은 북한의 관할에 들어갔다가 1951년에 수복되었다. 현재 신탄리역과 용산역 사이에 기차가 운행되고 있으며, 지난 2000년의 남북 정상회담에서 복원이 논의되기도 했다. 만약 이 철도가 다시 원산까지 이어지고, 나아가 블라디보스토크와 모스크바를 거쳐 유럽의 여러 나라 철도들과 연결된다면 유럽 수출용 물품들의 육상 수송이 크게 늘어날 것으로 전망된다. 시간은 3분의 1 수준, 비용은 20~30% 정도가 절감될 것으로 예측되기도 한다. 남북 사이의 이질감 극복에도 큰 도움이 될 것은 물론이다. 통일이 어느 날의 급작스런 사건일 수 없고, 또 그렇게 되도록 놔둘 수도 없는 일인 이상, 본래부터 있던 길들을 먼저 연결하는 일이 순서임을 이곳 신탄리역에서는 저절로 알게 된다. 한반도의 통일이 미래의 강국 건설을 위한 선결조건이라는 사실 또한 신탄리역에 서면 너무나 분명히 알게 된다.

# 철원

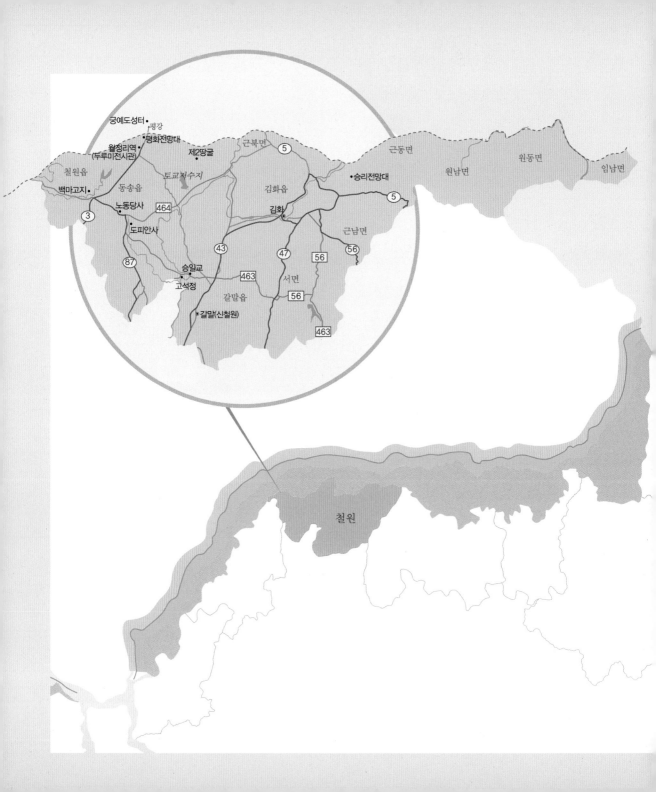

궁예도성터 •
• 평강
월정리역 • 평화전망대
(두루미전시관)
철원읍      제2땅굴      근북면     ⑤
토교저수지                        근동면
백마고지 •      동송읍                    • 승리전망대           원남면          원동면          임남면
노동당사  ④⑥④                    김화읍
③                          ⑤
도피안사      김화
                                          근남면
⑧⑦                           ④③      ④⑦      ⑤⑥    ⑤⑥
       승일교                    ④⑥③
고석정           갈말읍      서면
                              ⑤⑥
• 갈말(신철원)                  ④⑥③

철원

# 철원에서 생각하는 전쟁과 평화

"삼팔 접경의 이 북쪽 마을은 드높이 개인 가을하늘 아래 한껏 고즈 넉했다.

주인 없는 집 봉당에 흰 박통만이 흰 박통을 의지하고 굴러 있었다.

어쩌다 만나는 늙은이는 담뱃대부터 뒤로 돌렸다. 아이들은 또 아이들대 로 멀찌감치서 미리 길을 비켰다. 모두 겁에 질린 얼굴들이었다."

황순원의 단편 소설 「학」은 이렇게 시작한다. 내가 이 소설을 처음 읽은 것 은 고등학교 시절이었다. 이번 민통선 기행을 앞두고 다시 한 번 찾아서 읽어 봤다. 새롭게 발견한 사실은 이 작품이 쓰여진 것이 1953년 1월이라는 점이 다. 아직 한국전쟁이 진행되던 때였다.

이 소설은 한 마을에서 태어나 성장한 두 친구인 성삼과 덕재의 이야기를 담고 있다. 삼팔선이 그어지면서 헤어진 두 친구는 국군이 삼팔선을 넘어 진격했을 때 다시 만난다. 성삼은 국군을 따라온 치안대원이고, 덕재는 농민동맹 부위원장이다. 성삼이 덕재를 데리고 호송하는 길이 소설의 줄거리를 이룬다.

소설의 시작에서 볼 수 있듯이 황순원은 삼팔선에 인접한 한 마을을 염두에 두고 이 작품을 썼다. 이 소설을 다시 찾아 본 이유는 소설 제목인 「학」에 있다. 민통선 기행 세 번째로 선택한 철원은 소설 속 공간과 매우 유사하다. 해방 후에는 북한에 속했지만, 한국전쟁 이후에는 적잖은 지역이 남한에 귀속됐다. 게다가 철원에는 세계적인 두루미(학) 도래지뿐만 아니라 학저수지라는 제법 유명한 저수지가 있기도 하다.

## 전쟁과 분단의 상징, 노동당사

철원으로 가는 길은 동부간선도로를 택했다. 성수대교에서 길을 틀어 중랑천을 따라 나가다 수락산 아래서 아침을 먹었다. 소풍이라도 가듯 즐거운 표정을 지으며 오늘 찾아가는 철원에 대한 이야기들을 꺼냈다. 본래의 철원은 비무장지대 안에 있고 신철원(갈말읍) 또는 원철원(동송읍)은 사실 철원이 아니라는 이야기도 나왔고, 한여름 한탄강 래프팅이 괜찮다는 이야기도 곁들였다.

의정부를 지나 3번 국도를 따라가다 까무룩 잠이 들었다 깨어 보니 어느새 노동당사 앞에 도착했다. 노동당사를 찾은 것은 이번이 처음이 아니었다. 유학을 마치고 돌아온 후 이곳을 서너 번 찾았다. 90년대 초반만 하더라도 노동당사 건물 안에 직접 들어갈 수 있었지만, 언제부턴가 밖에서 구경만 할 수 있게 했다. 건물이 낡은 만큼 보존을 위해 불가피한 조치였으리라.

노동당사는 다중적 의미를 가진 공간이다. 역사적으로 이 건물은 해방 후

노동당사 북한 정권이 주민을 동원해 지은, 당시로는 초현대식 벽돌 건물이었다. 어떤 이에게는 사회주의 이상을 어떤 이에게는 공포의 대상이었을 건물이 이제는 근대문화유산 등록문화재로 보호되고 있다. ⓒ조우혜

북한에 의해 건축된 말 그대로 철원군 노동당 당사였다. 당시 북한 노동당은 이 건물을 거점으로 철원은 물론 김화, 평강, 그리고 포천까지 정치와 행정을 관장했던 것으로 알려지고 있다.

또한 노동당사는 한국방송공사(KBS)의 '열린 음악회'와 '서태지와 아이들'의 뮤직 비디오로도 소개됐듯이 분단의 상징이자 평화에의 염원을 나타내는 공간이다. 건물의 골격만 앙상하게 남은 노동당사는 전쟁의 참혹함을 증거하고, 그것이 폐허인 만큼 그 폐허 속에서 일궈야 할 새로운 평화에의 희망을 일깨운다.


## 궁예의 도전과 좌절

철원의 풍경에는 말로 전달하기 어려운 어떤 쓸쓸함, 고적함, 아쉬움, 소설 「학」의 첫 문장에서 황순원이 말한 고즈넉함이 담겨 있다. 노동당사에서 시작해 월정리역에 이르는, 지금은 허허벌판이 된 구철원 지역을 지날 때 이런 느낌을 떨쳐버리기 어려웠다. 분위기 탓인지 일행 중 그 누구도 목소리를 높이지 않았으며, 농산물검사소, 얼음창고, 제2금융조합 등 흔적만을 겨우 남긴 건물 풍경을 담담히 구경했다.

다소 무거운 침묵 속에 철원 평화전망대에 올랐다. 무성한 여름을 느끼게 하는 비무장지대 안 낙타고지 옆에 옛 태봉국의 도성지가 눈에 가득 들어왔다. 철원하면 떠오르는 후삼국 시대의 궁예를 생각하지 않을 수 없었다.

궁예는 우리 역사에서 가장 문제적 인물 중 한 사람이다. 역사의 기록은 언제나 승자 편이다. 따라서 역사의 패자인 궁예에 대한 기록을 어디까지 신뢰해야 할 것인가는 간단치 않다. 한 가지 분명한 사실은 그는 비록 신라 시대를 넘어 고려 시대로 나아가는 시기의 주연인 왕건에 가려진 조연이었지만 새로운 시대의 개막에서 중대한 역할을 맡았다는 점이다.

그의 미륵사상을 생각해볼 때 궁예가 민중친화적인 정치가였던 것은 사실인 듯하다. 그러기에 그는 호족의 영향력이 큰 송악을 떠나 여기 철원으로 천도함으로써 자신이 주도하는 정치를 더욱 왕성하게 펼쳐나가고자 했을 것이다. 하지만 그의 사상은 시대를 너무 앞서간 감이 있으며, 역사적 진실이 어떠했는지는 모르겠으나 통합의 정치에 결국 실패했던 것으로 보인다.

철원이 갖는 역사적 의의 중 하나는 서울과 경기 지역이 우리 역사에서 새로운 중심지로 다시 부상한 것을 상징한다는 데서도 찾을 수 있다. 백제가 한성을 떠나 웅진을 거쳐 사비로 천도한 이후 이 지역은 역사의 변방을 이뤘다. 신라의 진흥왕과 백제의 성왕 시절 한강 유역을 둘러싸고 삼국이 치열하게 전쟁을 벌인 지역이긴 했지만, 정치와 문화의 중심지는 아니었다.

시간이 흘러 통일신라가 기울기 시작하면서 서울과 경기 지역은 새로운 역사의 중심지로 부상했다. 궁예가 송악을 후고구려의 도읍으로 정한 것은 이러한 역사적 변화의 한 전환점을 이뤘다. 역사란 흐르는 강물과도 같아서 앞물은 언제나 뒷물에 의해 밀려나는 법이다.


## 도피안사와 비로자나불상

통일신라 말기의 대표적인 지식인이었던 고운<sup>孤雲</sup> 최치원은 왕건이 일어났을 때 "계림은 누런 잎이요 곡령은 푸른 솔이라"라는 내용을 담은 편지를 보냈다고 한다. 여기서 계림은 경주이고, 곡령은 송악이다.

'누런 잎의 계림'과 '푸른 솔의 곡령'은 신라의 쇠망과 고려의 흥기를 예언한 것으로 알려져 있다. 과연 최치원이 이런 편지를 보냈을까 하는 의구심이 들기는 하지만, 이 말에는 당대의 사회적 분위기가 반영돼 있다. 그것은 다름

도피안사 철원의 대표적인 천년 고찰이다. 유토피아에 다다르는 절이라는 말인데, 철원 땅이 유토피아가 되려면 아직은 갈 길이 멀다. ⓒ이상엽

아닌 새로운 시대의 도래에 대한 예감이었다.

이러한 예감이 담겨 있는 유물이 도피안사의 철조비로자나불상(국보 제63호)이다. 노동당사 바로 아래에 있는 도피안사는 865년(경문왕 5년) 도선국사가 향도 1,500명과 함께 창건한 사찰이다. 도선국사는 교종에 맞선 선종의 대표적인 선사였으며, 귀족보다는 일반 백성에게 가까운 지식인이었다.

도피안사 대적광전에 안좌하고 있는 철조비로자나불상은 당시 지방 호족과 백성의 불교로서 선종의 특성을 유감없이 보여준다. 이 불상은 다른 불상과는 달리 다소 마른 모습과 인자한 미소를 갖고 있다.

기존의 불상이 높은 곳에 위치한 참배 대상으로서의 의미가 컸다면, 이 불상은 참선하고 있는 스님을 대하고 있는 듯한 편안한 느낌을 안겨준다. 통일신라의 엄격한 골품제 사회가 무너지고 상대적으로 개방적인 새로운 시대의 도래를 예감케 하는 불상이라 할 수 있다.

한 걸음 물러서 볼 때 정치가든 예술가든 시대적 구속으로부터 자유로울 수 있는 사람은 아무도 없다. 시대에 너무 뒤떨어질 경우 그 시대로부터 낙오되며, 시대를 너무 앞서갈 경우 시대와의 불화를 겪게 된다. 궁예는 우리 역사에서 시대를 너무 앞서간 사람일지도 모른다. 나말여초羅末麗初라는 시대적 조건에 더 적합한 이는 왕건이었을 것이며, 결국 왕건은 궁예를 디딤돌로 해서 고려시대를 열었다.

시대와 인간에 대한 생각이 이렇다 하더라도 궁예에 대한 기억은 그가 마지막 웅지를 펼치고자 했던 이곳 철원에 대해 어떤 비장미를 느끼게 했다. 더욱이 그가 세운 태봉국 도성지는 지금 눈앞에 볼 수 있듯이 비무장지대 안에 폐허 그대로 남아 있었다.

회색빛 하늘이 손에 잡힐 듯 낮게 내려앉은 흐린 날씨는 마음을 더욱 쓸쓸하고 고적하게 했다. 언젠가 저 태봉국 도성지가 발굴되면 궁예가 펼치고자 했던 미륵 세계의 일단을 엿볼 수 있을 것 같기도 했다.


## 평화의 시간과 전쟁의 시간

철원평야를 가로질러 제2땅굴을 찾아갔다. 제2땅굴은 1975년 3월 두 번째로 발견한 땅굴로 제1땅굴과 비교해 규모가 상대적으로 컸다. 하필이면 정기휴일이라 내부에 들어가 볼 수 없었지만, 밖에서 보니 제법 높은 아치형을 이루고 있었다.

지난번 제1땅굴을 볼 때 느꼈듯이 최근 우리 사회에 흐르는 두 개의 시간을 생각하지 않을 수 없었다. 하나가 '평화의 시간'이라면, 다른 하나는 '전쟁의 시간'이다. 한편에 두 차례에 걸친 남북 정상회담 등 한반도 평화공존을 향해 흐르는 시간이 있다면, 북한의 핵실험에서 볼 수 있듯이 다른 한편에는 여전히 사라지지 않은 전쟁의 위험으로 흐르는 시간이 존재한다.

새삼 앨빈 토플러Alvin Toffler 부부의 『전쟁과 반전쟁』을 떠올리지 않을 수 없었다. 제목부터 인상적인 이 책에서 토플러는 탈냉전기 시대의 전쟁과 평화의 문제를 추적한다.

그에 따르면, 탈냉전 이후 세계사회에서는 '탈脫근대, 근대, 전前근대'라는 3대 세력 간의 문명 전쟁이 벌어지고 있다. 전근대 지역이 농산물과 광산자원을 공급하고 근대 지역이 값싼 노동력으로 대량생산을 담당하고 있다면, 탈근대 지역은 이 두 지역을 통괄하는 지위를 수행한다. 요컨대 현재 인류는 근대의 균일성에서 탈근대의 불균형성으로 이행하는 극도의 불안정한 시대에 살고 있다는 것이다.

역사적으로 이러한 탈근대를 낳고 있는 정보혁명, 반도체혁명, 통신혁명의 제3의 물결은 전쟁의 개념 자체를 근본적으로 뒤바꾸어왔다. 정보혁명은 이중적으로 이용 가능한 과학기술, 즉 전쟁에서도 사용할 수 있는 민간기술을 폭발적으로 양산했으며, 최첨단 무기의 정밀도와 스피드가 전쟁의 승패를 결정짓게 했다.

이에 따라 전쟁은 과거 전선에서 대치하던 전투에서 비 전선형 전투로 바뀌었고, 성능이 우수한 무기는 교육수준이 높은 병사를 필요로 하게 했다. 예를 들어 하이테크로 무장한 다국적군에게 이라크가 패배한 걸프전은 근대 군대가 탈근대 군대에게 패배한 것을 단적으로 상징한다.

이런 점에서 미래의 전쟁은 가진 자와 못 가진 자 간의 단순한 전쟁이 아니라, 전근대, 근대, 탈근대로 나뉜 신세계질서 속에 행해지는 국가 간의 지위 확보 쟁탈전이라는 게 토플러의 주장이다.


## 정보사회에서의 평화의 모색

그렇다면 이러한 상황에 대응하는 평화는 어떻게 가능할까. 토플러는 정보사회에 걸맞은 새로운 평화를 위한 다음과 같은 조건을 제시한다. 먼저 세 지역으로 분화된 세계에서는 서로 다른 전쟁이 일어나고 있으며, 따라서 그 대응책도 지역과 단계에 따라 각기 다른 방식으로 강구돼야 한다. 먼저 최근 국민국가의 역할이 크게 약화되고 초국가적 조직 및 시민사회의 영향력이 점차 증가하고 있는 점을 고려해 이러한 새로운 글로벌 체제에 적합한 초국가적 평화형태를 개발해내는 것이 중요하다.

또한 평화의 관건이 '힘'에 있다고 한다면 이 힘을 전쟁을 억제하는 방향으로 이용해야 한다. 기존의 힘을 대표하던 군사력과 경제력에 대응해 새로운 힘으로서 지식과 정보의 영향력이 급속히 높아지고 있다는 점을 주목할 때, 이 지식과 정보의 전 지구적 교환은 전쟁을 축소시키는 평화의 도구로 이용될 수 있다는 것이다.

토플러의 이러한 분석은 정보사회의 도래와 진전 속에서 전쟁과 평화의 의미를 탐색하고 있다는 점에서 주목할 만하다. 1945년에서 1992년까지 전쟁이 없었던 때는 단지 3주일뿐이며, 이를 두고 과연 전후postwar 시대라고 부를 수 있는가에 대한 토플러의 반문은 전쟁에 대한 우리의 무관심에 경종을 울린다.

이러한 분석과 전망은 냉전의 종식을 평화 시대의 도래로 이해하려는 '역사종언론', 또는 전 지구적 경제체제의 등장으로 개별국가 간 상호의존도가 높아짐에 따라 전쟁발발 위험이 감소됐다는 '경제안보론'과는 정반대의 현실감 있는 견해다. 더욱이 우리 사회와 연관시켜볼 때 세계 어느 지역보다 세 가지 문명이 극단적으로 공존하고 있는 아시아-태평양 지역이 미래의 최대 분쟁 지역이 될 가능성이 크다는 지적 또한 경청해야 할 부분이다.

이 점에서 토플러의 『전쟁과 반전쟁』은 제1물결 전쟁의 군사사상인 손자孫子의 『손자병법』이나 제2물결 전쟁의 군사사상인 카를 폰 클라우제비츠Karl von Clausewitz의 『전쟁론』에 필적할 만한 저작이라는 생각이 들기도 했다.


## 승일교에서 바라본 한탄강

정보시대 아래서 전쟁과 평화의 의미를 생각하는 동안 어느새 토교저수지에 도착했다. 제방을 올라 저수지를 둘러봤다. 토교저수지는 철원평야에 농업용수를 공급하기 위해 만들어진 대규모 인공저수지다.

제방에서 바라보는 저수지 풍경은 더없이 아름다웠다. 민통선 안에 있는 탓에 고적함까지 더해주는 이 저수지는 겨울철 철새들의 잠자리가 된다고 한다. 저수지에서 한겨울 기러기 떼를 볼 수 있다면, 제방 아래서는 독수리들이

겨울을 보낸다고 한다. 이곳 철원평야가 생태의 보고임을 보여주는 또 하나의 징표다.

토교저수지를 뒤에 두고 외동교로 한탄강을 건너 문혜리까지 와 한탄대교에서 바로 옆에 있는 승일교를 구경했다. 한탄강 중류 지점에 놓인 승일교는 그 이름으로 널리 알려진 다리다.

여기에는 두 가지 설이 전해진다. 하나는 남북합작으로 완성된 다리라 하여 이승만의 '승'자와 김일성의 '일'자를 합쳤다는 주장이며, 다른 하나는 한국전쟁 당시 한탄강을 건너 북진 중 전사한 박승일 대령을 기리기 위해 명명했다는 주장이다.

강화에서 연천을 거쳐 여기 철원까지 비무장 지대 인접 지역을 다니며 느끼게 된 것 중의 하나는 여전히 우리 한반도가 군사적 긴장에서 벗어나지 못하고 있다는 점이다. 평화공존을 위한 노력을 적잖이 기울여왔음에도 불구하고 60년 전 굳어버린 냉전의 빙벽은 여전히 쉽게 해빙되고 있지 않다.

우리가 원하는 것은 소박하지만 자유롭고 평화롭게 사는 것임에도 불구하고 이러한 우리의 작은 행복을 가로막는 군사적 위협이 아직도 크게 존재한다는 현실이 주는 당혹감을 떨치기 어려웠다. 한반도 평화공존 없이는 우리 민족뿐만 아니라 동아시아의 평화와 번영도 불가능하다는 것이 자명한데도 불구하고, 평화를 위한 우리의 노력이 최근의 핵실험 등 북한의 강경 전략으로 인해 갈수록 어려워지고 있다는 현실이 더없이 안타까웠다.

이런 심사를 아는지 모르는지 전쟁의 상흔이 담긴 한탄강은 무심하게 흘러가고 있을 뿐이었다. 여름으로 치닫는 이 땅의 산하는 이렇게 아름다운데 한반도의 봄은 대체 언제 올 수 있는 것인지 생각하지 않을 수 없었다.

앞의 사진 승일교 오른쪽이 예전에 건설된 승일교로 지금은 차량이 다니지 않는다. 왼쪽으로 최신식의 한탄대교가 건설되어 있다. ⓒ조우혜

## 5번 국도를 굽어보며

점심을 먹은 후 우리는 김화로 향했다. 늦은 오후 마지막으로 찾은 곳은 성재산관측소였다. 관측소에 서니 앞으로는 오성산이 보이고 옆으로는 군사분계선 바로 아래에 있는 통일촌이 눈에 들어왔다. 고개를 굽혀 비무장지대 안을 내려다보니 거기에는 김화에서 평강으로 가는 5번 국도가 보였다.

한반도를 교차하는 국도 체계가 마련된 것은 일제 시대였다. 5번 국도는 1번과 3번, 또는 7번 국도처럼 널리 알려져 있지 않다. 태백산맥 서쪽 사면에 놓인 5번 국도가 지나는 곳들이 주로 중소도시들이기 때문일 터다.

경상남도 마산에서 출발해 춘천과 화천을 거쳐 여기까지 온 5번 국도는 비무장지대를 관통하여 북쪽으로 올라가 평안북도 자성군 중강진에 이른다고 한다. 흙길의 5번 국도는 푸르른 비무장지대 안에서 선명히 도드라져 보였다. 길이 저렇게 이어져 있는데 발길은 끊어졌다는 데 생각이 미치자 새삼 마음이 처연해지고 분단의 현실을 자각하지 않을 수 없었다.

한반도에서 평화란 무엇인가. 그것은 다름 아닌 길을 잇는 것이다. 길이 있되 저렇게 끊어진 길을 다시 잇는 것, 그리고 그 길을 통해 사람이 걸어가고 또 걸어오는 것이 다름 아닌 평화 아니겠는가. 무엇이 지금 길을, 사람을, 평화를 가로막고 있는가. 한반도 평화는 이상적 기획이 아니다. 그것은 우리의 생존이 걸려 있는 실존적 기획이자, 우리의 미래를 좌우하는 현실적 목표다.

성재산에서 내려와 서울로 오는 버스에 몸을 실었다. 창밖을 내다보니 모내기를 끝낸 지 제법 되는 논에는 푸르름이 넘실거렸다. 백로인 듯한 두세 마리의 새들이 눈에 들어왔다. 황순원의 「학」을 다시 떠올리게 됐다.

"저만치서 성삼이가 획 고개를 돌렸다.

"어이, 왜 멍추같이 게 섰는 게야? 어서 학이나 몰아오너라!"

그제서야 덕재도 무엇을 깨달은 듯 잠풀 새를 기기 시작했다.

때마침 단정학 두세 마리가 높푸른 가을하늘에 큰 날개를 펴고 유유히 날고 있었다."

소설의 마지막에서 성삼은 호송해 가던 덕재에게 학 사냥을 하자고 말한다. 황순원 방식의 일종의 화해다. 이념을 넘어서 동심으로 되돌아가 화해를 요청하는 마지막 대목은 더없이 순수하고 아름답다.

하지만 정작 내 머릿속에서는 방금 보고 온 성재산관측소와 비무장지대의 현실이 떠나지 않았다. 관측소를 지키는 젊은 병사들의 눈빛을 떠올리지 않을 수 없었다. 포천을 거쳐 서울로 돌아오는 길 내내 평화로 가는 도정은 여전히 멀고 험한 것임을 다시 한 번 절감하게 됐다. 여전히 나는 이상주의자라기보다는 현실주의자에 가깝다는 생각을 떨쳐버리기 어려웠다.  (2009. 7. 28)

# 영욕과 상흔의 땅

집을 나설 때는 금방이라도 비가 내릴 듯한 하늘이었지만, 나는 우산을 들고 나오지 않았다. 비가 내릴 것을 대비해 우산을 미리 가방에 넣고 다니는 일은 매우 귀찮은 일이다. 예상대로 철원으로 가는 길에 비가 내리기 시작했다. 부슬부슬 창가에 부딪치는 비를 바라보며 아련한 추억으로 빠져들기도 한다. 대학교 1학년 때 친구들과 함께 철원에 있는 한탄강에 놀러갔던 적이 있다. 그때도 비가 왔었다. 우리는 한탄강가에 텐트를 쳤다. 주룩주룩 내리던 비 때문이었는지 버너에 불을 붙이는 데 애를 먹었던 기억이 지금도 생생하다. 한탄강가에서 서투른 고추장찌개를 같이 끓여 먹었던 그 녀석들은 이제 연령대로 보았을 때 우리 사회의 중추인 40대 후반의 나이가 되었다. 그러나 내가 아는 그들은 사회의 중추로서의 자신감보다는 복잡한 회사일, 간단치 않은 가정일, 그리고 흔들리는 자아의 삼중고에서 순간순간을 허덕이고 있다. 아련한 추억, 애틋한 현실과 함께 졸음에 잠깐씩 머리를 끄덕이기를 몇 번 반복하는 동안 우리를 태운 차는 철원에 접어들었다. 'Dream for Unity(통일에의 염원)'라는 철원의 구호가 우리를 맞이했다.

## 북한군이 지배하던 땅

첫 번째 찾아간 곳은 노동당사였다. 철원 기행을 시작하기 전 미리 사진으로 보았던 노동당사는 근대문화유산 등록문화재 22호로, 전쟁과 분단 그리고 비극을 머금고 있는 우람한 성처럼 보였다. 그러나 현장에서 본 노동당사는 그저 그런 크기에 골격만 남은 콘크리트 폐건물이었고 주변에는 이름 모르는 잡초가 무성했다. 마침 부슬부슬 내리는 비를 맞으면서 풀을 뽑고 있는 아주머니가 있기에 여기를 관리하시는 분이냐고 물었더니, 대답은 하지 않은 채 어디서 왔냐고 쏘아붙이듯이 되묻는다.

과거 노동당사 뒤쪽의 방공호에서는 체포, 고문, 학살 등에 사용된 실탄과 철사줄이 수없이 발견되었단다. 그러나 지금 그 자리에는 무궁화가 몇 그루 심어져 있다. 옆에 서 있는 무궁화에 대한 설명을 보니 무궁화는 백 일 동안 이른 아침에 피고 저녁에 지기를 반복한단다. '무궁화 삼천리 화려강산'이라는 애국가 후렴구를 수없이 불러왔지만 무궁화가 이런 꽃인 줄은 오늘에야 알았다. 전쟁과 비극의 시체 바로 그 자리에 뿌리를 내리고 피어난 무궁화가 매년 백 번을 피고 지는 동안 무슨 생각을 하면서 꽃봉오리를 열고 닫았을지 궁금해진다.

노동당사 부근에는 얼음창고, 농산물검사소, 제일감리교회 등 근대문화유산들이 즐비하게 서 있다. 자료에 의하면 식민지시대인 1938년의 철원읍은 4,269가구, 1만 9,693명이 살아가는 꽤 큰 도시였다. 철원역은 서울역에서 101km, 원산역에서 125km, 금강산역에서 117km가 떨어져 있는 중부권의

버려진 국도 성재산 꼭대기에서 바라본 철원의 평원. 그 평
원을 가로질러 외줄 길이 보인다. 일제시대에 만들어진 5번
국도이다. 공식적으로는 아무도 이 길을 다닐 수 없다. ⓒ이
상엽

중심 역이었다. 철원에는 이미 1938년 당시 5개의 각급 학교에 1,700여 명의 학생이 있었으며, 철원금융조합, 철원제2금융조합, 동주금융조합, 식산은행 철원지점 등 4개의 금융기관, 군청을 포함한 34개의 입법행정기관이 있었다. 더욱이 재미있는 것은 당시에 여관, 요릿집 등의 접객업소가 103개에 달했다고 하니 당시 경제와 산업의 중심지로서의 철원의 위상을 짐작하게 된다. 한 편, 철원농산물검사소는 해방 이전에 곡물검사소 철원출장소로 시작해 해방 후에는 공산당의 검찰청으로 사용되었던 곳으로 지금은 등록문화재 25호로 지정되어 있다. 식민지와 분단기의 아픔과 상처를 고스란히 간직한 곳이다. 철원농산물검사소에서 맞은편을 보니 'Sales & Lease 033-455-XXXX'라는 광고판이 눈에 들어온다. 누구를 위한 영어 광고인지 궁금해지기도 하지만, 이 땅에서 식민지와 분단 그리고 외세의 역사가 아직 끝나지 않고 계속되고 있다는 상징처럼 보여 머리가 무거워졌다.

## 철새들의 천국

우리의 다음 방문지는 샘통이었다. 연중 내내 섭씨 15도의 물이 쉼 없이 솟 아오르고 겨울에는 수많은 철새들이 찾는 곳이라 하여 우리는 기대를 잔뜩 하고 있었다. 그러나 공보장교와 함께 어렵사리 찾아간 샘통의 물은 아무리 만져보아도 15도처럼 느껴지지는 않았다. 약간 미지근한 샘물이 솟아나고 있 는 샘통 중앙에 가보니 신기하게도 샘물은 쉬지 않고 조금씩 솟아나고 있었 지만 주위는 잡초가 무성한 채, 버려진 철조망과 사용하지 않는 콘크리트 구 조물이 어지럽게 널려 있었다. 내가 본 샘통은 마치 다듬어지지 않아 투박한 다이아몬드 원석처럼 보였다.

두루미전시장과 월정리역을 지나 오전 11시경에 철원 평화전망대를 방문

샘통철새도래지 철새들의 낙원 철원에서도 가장 많은 새가 모여드는 지역이다. 따뜻한 물이 솟아 겨울에도 얼지 않는다. 여름에는 수풀만 우거져 있다. ⓒ이상엽

했다. 전망대의 이름은 평화지만 주변의 역사는 평화가 아니다. 전망대 주위에는 1952년 10월 6일부터 10월 15일까지 9일 동안 스물네 번 고지의 점령자가 바뀌면서 국군 3,500여 명, 중공군 1만여 명이 사망했던 백마고지가 있다. 기록에 의하면 이 전투에서 미국 제5공군은 총 745회를 출격해 2,700개 이상의 각종 폭탄 및 358개 이상의 네이팜탄 등을 고지 위에 퍼부었다. 그리고 9일의 전투 기간 동안 중공군은 5만 5,000발 이상의 포탄을 퍼부었으며, 국군

도 18만 5,000발 이상의 포탄을 퍼부었다. 폭격으로 지형이 파괴되어 위에서 보면 백마처럼 보이기 때문에 백마고지라고 한다. 전망대의 설명을 맡은 병사는 당시 철원평야를 빼앗기고 김일성이 3일 동안 울었다는 이야기를 전설처럼 전해준다.

마침 전망대에는 '종교계 지도자 전방부대 방문―군선교연합회 전북지회'라는 표지를 단 관광버스가 미리 와 있었다. 과거에는 전방부대와 비무장지대 등을 방문하는 관광을 안보관광이라고 불렀지만, 최근에는 DMZ관광으로 명칭이 바뀌었다. 안보관광이라는 명칭이 과거 정부 주도의 일방주의적 안보지상주의를 연상시키고, 또한 2000년대 이후 시대적 상황의 변화를 반영하지 못한 이름이라는 이유에서다. 그러나 백마고지를 바라보는 관광의 이름이 안보관광이든 DMZ관광이든 간에 백마고지가 남긴 역사적 교훈들을 결코 잊어버려서는 안 될 것이다. 백마고지는 생각하기 싫은 악몽이 아니라 오늘의 우리를 숨 쉬게 하는 심장의 일부인 것이다.


궁예는 왜 실패했나?

평화전망대에서는 비무장지대 안에 자리 잡고 있는 궁예의 태봉국 도성 터를 볼 수 있다. 태봉국 도성에 관해서는 고려사지리지, 세종실록지리지, 신증동국여지승람 등 역사자료가 즐비하다. 또한 식민지 시대인 1918년에 작성된 조선보물고적자료, 육군 지도창에서 1993년에 제작한 평강지도, 육군 사관학교에서 1996년에 제작한 강원도 철원군 군사유적지표조사 보고서 등의 최근 자료도 있다. 다양한 자료 등을 종합해 볼 때 태봉국 도성의 외곽성은 무려 12.5km에 달하는 것으로 관측된다. 조선을 건국한 태조가 한양에 축조한 외곽도성의 길이가 약 19km인 점을 감안할 때 태봉국 도성의 크기가 얼마나 큰 것인지를 가늠할 수 있다. 정치적 측면에서 볼 때 태봉국의 건국과 멸망에는 다양한 해석이 가능하지만, 경제적 측면에서 볼 때 태봉국의 멸망은 도성의 신축 과정과 밀접한 관련이 있는 것으로 추측된다. 궁예는 철원 지역에 거대한 도성을 신축하기 위해 무리한 징세를 하고 호족들과 자영농으로부터 재물을 수탈했다. 이러한 경제정책들이 호족들과 농민들의 불만을 야기하고 결국 태봉국 멸망의 주요 원인 중의 하나로 작용했던 것이다. 경제적으로 국민들에게 과중한 부담을 부과하면서 그 혜택이 국민들의 것이 되지 않는 경우, 그 나라는 지탱기 어렵다는 점을 보여주는 역사적 사실이다.

다음으로 우리는 제2땅굴을 방문했다. 땅굴 주위에는 '우리나라는 압록강 물을 마신 청성부대가 책임진다'라는 구호가 쓰여 있었다. 제2땅굴은 제1땅굴보다 상대적으로 규모가 크다. 제2땅굴의 설명판에는 땅굴의 발견 경위와 땅굴을 발견하기 위한 다양한 노력들이 소개되고 있었는데, 다른 한편에는 북한이 땅굴을 팠다는 증거가 제시되어 있었다. 폭약의 장착 방향이 남쪽을 향해 있고, 땅굴 내에서 물이 북쪽으로 흐른다는 것이 제시된 증거였다. 땅굴을 발견했으면서도 그 땅굴을 북한에서 만들었다는 증거를 제시해야 했던 병사의 복잡한 머릿속이 아련히 보이는 듯하다.

우리는 연이어 일반인들에게도 비교적 널리 알려진 토교저수지와 승일교를 방문했다. 토교저수지는 수백 마리의 두루미와 독수리가 겨울을 나고 다시 시베리아로 돌아가는 대단위 철새도래지다. 북한은 철원평야를 뺏기고 나자 봉태호에서 내려오는 물을 막아버렸고 이에 대응해 남쪽에서 만든 저수지 중의 하나가 토교저수지이다. 내가 본 토교저수지는 거대한 콘크리트로 물을 막은 저수지였으며, 몇 마리의 새가 보이는 그런 저수지였다. 한탄강 위에 놓인 아치형의 승일교는 그 자체가 범상치 않았다. 승일교의 전설과 자태에 빠져 있다가 문득 다리에 무슨 글자가 있는 듯하여 자세히 들여다보니 붉은 색

으로 '한탄강댐 건설 반대'라는 문구가 쓰여 있었다.

## 군사보호지역의 경제학

철원은 한반도 중앙지대로서 통일국토의 발전축인 X축의 중앙지대에 위치하고 있다. 249km의 휴전선 중 28%인 70km가 철원군을 관통하고 있다. 실제 철원군청의 설명 자료에는 철원이 4읍(철원읍, 동송읍, 김화읍, 갈말읍) 2면(서면, 근남면)으로 구성된다고 소개되어 있지만 지도상으로 보면 철원군에는 근북면, 근동면, 원남면, 원동면, 임남면 등이 존재한다. 이 지역들은 행정구역상으로는 철원군이지만, 실제로는 철원군의 행정력이 미치지 않는 민통선 이북지역이다. 철원군청은 아예 이 지역을 행정대상에 포함하지 않고 있었다. 이러한 상황은 아마도 전국의 행정구역 중에서 철원 지역이 유일할 것이다.

철원군의 인구는 2008년 기준으로 1만 8,756세대, 4만 8,066명이다. 고등학교를 졸업하면 진학과 취업을 위해 타지로 나가는 경우가 많아서 매년 약 500여 명의 인구가 감소하고 있다고 한다.

철원은 지형적으로 볼 때 위쪽에는 두 개의 커다란 산들이 삼각형을 이루고 가운데부터 아래쪽에는 커다란 평야가 펼쳐지는 마치 엄마의 자궁과 같은 모습이다. 군청 공무원의 설명에 의하면 철원은 1931년 대구와 함께 읍으로 승격한 도시란다. 대구가 현재 우리나라의 5대 도시에 속한다는 점을 감안하면 전쟁과 분단을 겪으면서 철원이 상대적으로 얼마나 소외되었는가를 짐작하게 해준다. 철원군이 2008년 군정운영의 큰 성과라고 제시한 내용들을 보면 고석정 포병훈련장(Y진지) 이전 확정, 이평리 비행장 활주로 기능 해제, 접경지역 10개 시군협의회 창립이 주요 내용으로 소개되고 있다. 5대 핵심성과

| 서울 104KM | 평강 19KM | 성진 47 |
| 부산 543KM | 원산 123KM | 청진 65 |
| 목포 525KM | 함흥 247KM | 나진 73 |

월정리역 입간판 금강산으로 가던 기차의 간이역이었다. 북녘 곳곳까지 가는 거리가 기록되어 있는 간판에서 한반도의 실제 크기를 가늠한다.
©이상엽

중에서 2개가 직접적으로 군과 관련된 사업이며, 접경지역 협의회 창립도 군과 관련된 사업의 연장선상에 있다고 할 수 있다. 철원군의 99.5%가 군사시설보호지역이라는 점을 감안할 때 이 지역의 경제활동이 군과 매우 밀접하게 연계되어 있다는 점을 쉽게 알 수 있다.

철원군의 사례에서 군사보호지역의 경제학에 대해 생각하게 된다. 철원을 포함한 군사보호지역은 안보라는 공공재를 생산한다. 이 공공재는 군사보호지역 뿐만 아니라 우리 국토에 거주하는 모든 국민들이 향유하고 있다. 그런

**철원평야** 철원은 산도 많지만 들도 넓은 지역이어서 남이든 북이든 국운을 걸고 싸우지 않을 수 없었다. 사진은 벼가 누렇게 익은 철원의 들녘 풍경이다. ⓒ조우혜

데 안보라는 공공재를 향유하는 대가는 모든 국민들이 균등하게 부담하는 것이 아니라 군사보호지역으로 설정된 지역에서 상대적으로 더 많이 부담하게 된다. 군사보호지역에서는 다른 지역에서는 부담하지 않는 도시 확장 억제나 지역 개발 규제, 지방자치단체의 재정 손실, 탱크·비행기·트럭 등으로부터 발생하는 기준치 이상의 소음 등의 비용을 부담한다. 군사보호구역 이외에 거주하는 사람들은 이러한 부담을 지지 않고 안보를 향유하는 무임승차자free rider가 되는 것이다. 이러한 현상을 경제학적인 용어로 '외부불경제'라고 한다.

비용과 편익의 불일치 문제는 과거 중앙정부 주도의 상황에서는 크게 문제시되지 않았다. 그러나 최근에는 지방자치제가 확산되고 개인의 사유재산권에 대한 인식이 강화되면서 이 문제가 수면 위로 부상하고 있다. 향후에는 보다 본격적으로 논의가 확대될 것이다. 2000년에 접경지역지원법이 제정되면서 이러한 불일치를 해소하려는 노력이 시작되었으나, 아직까지 다른 법에 비해 법의 위상이 약하고 실질적인 효과는 제한적이다. 지난 60여 년간 축적된 군사시설보호구역의 비용-편익 불일치 문제와 무임승차자 문제를 해결하기 위한 국가적인 차원의 새로운 접근이 필요한 때이다.


## 통일을 위한 철원의 준비

철원군청이 제시하는 2009년 군정의 여건이 매우 흥미롭다.

'세계는 정치적으로 오바마 미국 대통령 당선자의 평화적 통합정치가 세계정치의 이슈로 부각하고 있으며, 실물경기침체, 양극화 현상의 극대화, 다양성 존중의 현상이 확대되고 있다. 한국은 개헌 · 행정구역 개편 이슈가 '급부상'하는 가운데 사회불평등과 범죄가 심화되며, 비용절약형 여가활동이 증대될 것으로 예상된다. 한편, 지방은 수도권과 비수도권의 대결구도가 심화되어 비수도권의 자구책이 모색될 것이다. 국가경제 위축에 따라 지역경기 활성화를 위한 방안을 마련해야 한다. 양극화 해소와 일자리 창출에 전력을 기울여야 하며, 지역특화 관광자원 개발과 문화향유 기회를 확대해야 한다.'

미국 대통령의 정치성향에서부터 수도권과 비수도권의 대결구도 심화, 그리고 문화향유 기회 확대까지 다양한 이슈를 포괄하고 있는 여건 분석이 눈길을 끈다. 나는 2000년대 초반 어느 여름날 아침에 경남 거창읍에서 주식투자를 하는 농부 아저씨를 만난 적이 있다. 까무잡잡한 얼굴에 밀짚모자를 쓰고 장화를 신고 있던 그 농부 아저씨는 내가 경제학과 교수라는 말을 듣고는 피우던 담배를 한 모금 깊게 빨더니, '그린스펀Greenspan이 금리를 올리지 말아야 한다'며 자신의 주장을 격정적으로 토로했다. 명색이 경제학과 교수인 나는 그 앞에서 무슨 말을 해야 할지 머뭇거렸던 기억이 난다.

경남 거창에서 발견했던 글로벌화의 흔적은 국토의 최북단인 철원의 군정 지표에서도 발견되었다. 그러나 국토의 남단에서 북쪽 철원까지 올라온 글로벌화의 기세는 민통선과 남방한계선 그리고 군사분계선의 벽 앞에서 물거품처럼 산화되고 만다. 철원군청의 한 관계자는 이미 휴전선이 파주와 개성, 고성과 금강산 등 한반도의 양쪽 끝에서 열렸고 만약 가운데에서 열리는 경우 철원에서 열릴 것이라고 주장했다. 그의 말대로 글로벌화의 기운, 통일의 기운이 철원 위에 설치된 철조망과 휴전선을 넘어 북한 지역에까지 도달하는 데에는 앞으로 얼마나 많은 시간이 필요할 것인가?

철원군은 최근 비무장지대에 대한 국가 및 강원도 차원의 관심 증대에 고무되어 있었다. 실제로 정부 차원에서 DMZ 활용 방안은 다각도로 연구되고 있다. 문화체육관광부에서는 2008년 3월에 PLZ(평화생명지대)* 관광자원화 기본구상 연구용역을 완료했는데, 이 구상에서 철원·화천·양구는 '생명과 생태'가 주된 테마로 선정되었다. 그러나 필자가 방문한 철원은 단지 생명과 생태 이상의 도시였다. 곳곳에 산재해 있는 삼국시대 이래로 현대에 이르기까지의 수많은 역사 유적은 통일 이후 부상할 철원 지역의 중요성을 보여주고 있다. 드넓은 철원평야에서 수확되는 농산물을 바탕으로 한 남북농업교류의 가능성도 충분히 논의해 볼 만하다. 철원은 생명과 생태 이상의 역사와 숨결이 있는 지역이며, 농업을 통해 남북한 교류의 물꼬를 틀 수 있는 전략교류지역이라고 할 수 있다. 물론 군사적 긴장완화가 전제되어야 할 사안이긴 하지만.

* PLZ(평화생명지대) 문화체육관광부와 한국관광공사가 DMZ를 비롯한 접경지역을 평화와 생명이 숨 쉬는 관광벨트로 만들기 위해 설정한 지역. PLZ 전체의 관광 활성화를 위해 DMZ 평화생명지대 횡단코스를 개발하기도 했다.

## 돌아오는 길

오후 늦게 우리는 최종방문지인 백골부대에 도착했다. 백골부대로 가는 지프에는 '국민의 세금으로 구입된 장비'라는 문구가 선명하게 적혀 있었다. 백골부대는 철원, 김화, 평강을 잇는 철의 삼각지대에 자리 잡고 있으며, 중부 지역의 최북단을 지키고 있는 부대이다. 이 지역은 겨울에는 영하 30도를 기록하고 실제 체감온도는 영하 48도에 달하기도 하는 지역이다. 백골부대의 성재산관측소에서 우리는 최전방을 지키는 국군의 모습을 다시 한 번 보게 되었다. 국군의 경계태세는 단지 육안에 의한 경계에 그치지 않고 있었다. 폐쇄회로 카메라, 원격카메라, 빔 프로젝터, 그리고 PDP스크린을 이용해 최첨단 경계태세를 유지하고 있었다. 관측소에서 들은 설명에 의하면 북한군의 장병 수나 GP 수는 모두 우리보다 많다고 한다. 그러나 최첨단 장비로 무장된 우리 군은 비록 인원수나 GP의 수에서는 열세일지 모르나 최첨단 장비를 이용한 경계 체계는 북한군을 훨씬 능가한다는 설명이 곁들여졌다.

이제는 제법 익숙한 일이지만 또다시 약간은 설레고 약간은 두려운 마음으로 철책을 넘어 북한 지역을 살펴보았다. 무거운 적막감이 비무장지대를 연무처럼 감싸 안은 채 흐르고 있었다. 우리 쪽에도 눈에 보이는 모든 곳에 여러 줄의 철책이 이어져 있었고, 역시 북쪽에도 여러 줄의 철책이 꼬리를 물고 이어져 있었다. 무엇이 저 철책을 그토록 오랜 세월 지탱하고 있으며, 과연 언제 무엇이 저 철책을 베를린 장벽처럼 무너뜨릴까?

철원기행은 이렇게 끝이 났다. 강화도와 연천군에서 수없이 보아왔던 부동산거래소 간판이 철원에서는 쉽게 보이지 않았다. 복잡다기한 철원과 DMZ의 미래를 생각하기에는 몸이 너무 피곤하다. 서울로 돌아오는 버스 안에서 과거의 역사와 미래의 통일이라는 상념에 빠져 무심코 창밖을 바라보니 아침부터 내리던 비는 어느새 그쳐 있었다.

# 한 맺힌 '철원별곡'에서 희망을 듣다

새끼 고라니 한 마리가 목을 축인다. 포탄 때문인지 아니면 자연의 힘으로 만들어졌는지 알 수 없는 웅덩이에 고개를 박고 연방 꼬리를 흔든다. 물맛이 꽤나 달콤한 모양이다. 웅덩이 옆엔 이름 모를 나무들이 곧추서 있다. 바람에 꺾였는지 70도가량 기운 나무는 그래서 더욱 인상적이다. 나무를 둘러싸고 있는 습지는 녹색 향연을 이룬다. 철원 평화전망대에서 바라본 DMZ의 풍경은 입을 벌어지게 한다. 왜 이곳을 세계적 생태공간이라고 부르는지 한눈에 확인할 수 있다. 더구나 이곳엔 장관의 '옥의 티' 철책선(군사분계선)도 없다. 대신 표지판이 남과 북을 조용히 나눈다.

자연의 위대함이 이곳을 관통하는 이념 갈등을 잠재우는 듯하다. 그러나 아름다움만 있는 것은 아니다. 긴장이 함께 흐른다. 지금은 정전이 아닌 휴전상태. 언제 어디서 도발이 감행될지 모른다. 이곳을 지키는 초병이 북녘땅을 뚫어지게 노려보는 까닭이다. 절경을 무색하게 할 만한 철통경계다.

철원 DMZ는 이처럼 이중적이다. 아름다움 밑에 비수가 깔려 있다. 흥망성쇠로 점철된 철원의 역사와 너무도 닮았다. 철원은 한반도에서 손꼽히는 선진도시였다. 1939년 인구가 2만 명에 이르고, 음식점 수가 100곳을 훌쩍 넘었을 정도다. 여기서 질문 하나. 한국에서 수돗물을 처음 먹은 곳은 어디일까? 서울일까? 부산일까? 아니다. 바로 철원이다. 상수도 시설이 완벽하게 갖춰져 있었던 도시, 그것이 철원의 옛 모습이다. 운명은 한순간에 바뀌게 마련이다. 영원한 중심도, 영원한 변방도 없다. 한국전쟁은 철원의 영화를 송두리째 앗아갔다. 수를 헤아릴 수 없었던 음식점은 자취를 감췄고, 일터를 잃은 사람들은 정든 둥지를 떠났다.

155마일 휴전선 중 28%가 에워싸고 있는 지금의 철원도 다르지 않다. 철원의 경제 성적은 강원도에서도 중하위권이다. 재정규모는 2,333억 원에 불과하고, 자립도는 12% 남짓이다. 규제도 다른 지역보다 많다. 이런 이유로 오는 이보다 떠나는 사람이 더 많다. 2006년엔 971명(전입 6,197명, 전출 7,168명), 2007년엔 777명(전입 6,016명, 전출 6,793명)이 철원을 떠났다.

인구는 2004년 5만 명 밑으로 떨어진 후 계속 감소하고 있다. 현재는 4만 8,000여 명. 그중 65세 이상 노령인구가 15%에 달한다. 일할 사람이 부족하다는 얘기다. 그렇다고 일할 곳이 많은 것도 아니다. 2007년 현재 이곳의 사업체 수는 3,300여 개. 그중 90%가 직원 수 5명 미만의 사업장이다. 100명 이상은 전체의 0.12%인 4곳에 불과하다.


## 근세 최고 선진도시의 몰락

역설적이지만 철원 경제의 중심은 기업이 아니라 군*이다. 군대가 없으면 철원 경제는 없다. 무엇보다 군인 수(2개 사단 3만여 명)가 철원 군민 수에 버

**월정리역** 경원선의 간이역이었던 월정리역은 지금 흔적으로만 남아 있다. 한때 거친 숨을 내뿜으며 달리던 기차의 잔해들이 풀 속에 묻혀 고요히 잠들어 있다. ⓒ이상엽

백마고지 위령비 안보관광에 나선 사람들이 6.25 최대 격전지였던 백마고지에 세워진 위령비를 둘러보고 있다. ⓒ조우혜

금간다. 군인 가구도 많다. 이들이 철원 경제에 미치는 영향은 상당하다. 이를 엿볼 수 있는 사례 한 토막. 철원은 한반도의 대표적 곡창지대다. 연 5만 5,000t의 쌀이 생산된다. 전국 생산량의 1%, 강원도의 26%가량이다.

그런데 농가가 많지 않다. 1만 8,097가구(2007년 현재) 중 24%뿐이다. 군사 관련 가구로 인해 비농가 비율이 높기 때문이다. 더구나 군사시설보호구역이 무려 99.5%에 이른다. 남은 땅 0.05%로 싸움을 벌여야 하는 게 철원의 숙명이자 애환이다. 철원군이 '민(民)과 군(軍)은 이웃이고 가족'이라는 슬로건을 내건 이유가 여기에 있다.

다행스럽게도 철원은 군−군 협조가 원활하게 이뤄지고 있다. 군관협의회가 지속적으로 운영되고, 최근엔 정례화도 추진하고 있다. 철원군청이 직접 나서 외출·외박 장병들에게 영화 관람 및 온천욕을 지원하고, 모범장병 초청행사도 연다. 군부대 정화사업도 군청이 앞장서 진행한다.

이에 대한 화답으로 군(軍)은 민통선 내 관광지 활성화 계획을 긍정적으로 검토하고 있다. 군−군 협력으로 지역경제를 조금이나마 되살리겠다는 취지다. 하지만 이것만으로는 턱없이 부족하다. 옛 영화를 되찾기 위해선 색다른 콘셉트가 필요하다. 철원군이 내세운 기치는 한국전쟁의 상흔을 관광자원으로 십분 활용하겠다는 것이다.

철원은 한국전쟁을 통틀어 가장 참혹한 전투가 벌어졌던 지역 중 한 곳이다. 중부전선의 심장부였기 때문이다. 그래서 열흘 동안 고지의 주인이 24번이나 바뀐 백마고지, 군민 수탈의 본거지인 노동당사 등 전적지가 유독 많다. 이를 관광자원으로 만들어 남북화해와 협력의 기능적·공간적 중심으로 거듭나겠다는 게 철원군의 구상이다.

철원군청이 군비를 투입해 노동당사 주변 3만 6,306㎡를 공원으로 조성하는 사업을 진행하는 것은 대표적이다. 철원군은 2010년까지 노동당사 주변을 '통일의 장', '분단의 장', '화합의 장'으로 꾸미고 평화공원도 조성할 계획이다.

철원평화문화광장 조성사업도 눈길을 끈다. 강원도는 국비와 도비 등 259억 원을 들여 21만 6,595m² 부지에 평화기념관(1,841m²), 평화의 광장(3만 8,853m²), 시간의 정원(4만 4,374m²) 등을 갖춘 평화문화광장을 만들어 2011년 준공할 계획이다. 평화기념관은 한국전쟁의 상처가 고스란히 남아 있는 지역을 한눈에 볼 수 있도록 꾸미고, 시간의 정원에는 전쟁유물 등을 전시한다. 평화광장은 화합과 평화를 상징하는 공간으로 조성할 방침이다.


## 철원 군郡−군軍 협조로 부활 나래

김진선 강원지사는 "평화문화광장 조성사업은 남북 협력모델을 제시할 수 있는 철원을 통일 한국의 일번지로 만들기 위해 디딤돌을 놓는 것"이라고 했다. 철원평화문화광장은 2009년 8월 개관한 고성 DMZ박물관, 인제 평화생명동산과 함께 DMZ관광의 3대 구심점이 될 것으로 기대된다. 특히 이 광장 조성 계획은 안보 전적지 위주의 기존 관광 패턴에 생태적 가치를 담는다는 의미도 있다.

철원군이 나노·플라스마 등 21세기형 녹색산업 육성에 적극적인 것도 같은 맥락으로 이해하면 쉽다. 한국전쟁 이후 '자의 반 타의 반'으로 형성된 천혜의 자연환경을 지키기 위해 친환경 산업에 전력을 기울이고 있는 것이다. 이미 2006년 49만 6,000m² 규모의 철원 플라스마 종합연구 및 산업단지 조성에 들어간 철원군은 플라스마 허브단지까지 구축할 방침이다. 군에 따르면 2016년 이후 플라스마 관련 기업이 100여 개 입주할 전망이고, 이에 따라 3,000여 명의 고용창출, 연간 8,000억 원의 매출이 기대된다.

험한 길 철원지역의 한 부대에서 성재산성으로 가기 위해 이동하고 있다. 경사가 급해 도보 또는 사륜구동차가 필요했다. ©이상엽

지식경제부의 지역혁신산업기반 구축사업으로 선정된 철원 첨단전자빔산업기술 이용센터 조성사업 역시 총 178억 원을 투입해 추진하고 있다. 이 센터가 완공되면 철원은 전자빔 산업의 성장도시로 거듭날 수 있을 것이다.

### 철원 '친환경 도시'로 거듭날까

하지만 철원이 넘어야 할 산은 높고 가파르다. 이들 앞엔 한계도, 제약도 많다. 관건은 다름 아닌 평화 유지다. 남북관계가 경색되면 철원의 야심 찬

구상은 일장춘몽에 그칠 가능성이 크다. 철원은 여전히 군사적 요충지. 남북 접경 지역 가운데 확전 가능성이 가장 큰 곳으로 분류된다. 평화와 갈등 사이에서 철원은 아슬아슬한 줄타기를 할 수밖에 없는 처지다. 긴장이 한껏 고조되는 상황에서 군사적 요충지를 관람하겠다는 사람이 얼마나 되겠으며, 그런 곳에 입주하겠다는 기업인은 또 얼마나 있겠는가?

우리는 지금 중부지역 최북단에 서 있다. 이름 하여 성재산관측소다. 서울과 100km도 채 떨어지지 않은 곳이다. 남북 GP 사이의 거리도 650m에 불과하다. 눈앞에 보이는 북녘 오성산은 그야말로 장관이다. 역시 녹색 향연을 방불케 한다. 언뜻 보면 자연의 은혜를 온몸으로 품고 있는 모양새지만 실상은 완전 딴판.

이 산의 중턱엔 북한군이 만들어놓은 벙커가 가득하다. 벙커가 열리면 대포가 나오고, 자연과 평화는 속절없이 무너질 게 뻔하다. 김진선 지사가 수년간 외쳤던 '철원중심론'이 힘을 받지 못하는 이유도 어쩌면 여기에 있다.

그렇기에 이곳에서 새어 나오는 '철원별곡'이 유독 절절하게 들리는지 모르겠다. 옛 영화를 그리워하는 한 맺힌 곡소리처럼……. 한반도 해빙 소식을 기다리는 기약 없는 희망가처럼…….

# 일탈을 꿈꾸는 사람들의 땅

지금 철원은 인구 5만에도 미치지 못하는 작은 지방도시다. 하지만 1,000년 전의 철원은 한반도의 절반 이상을 실질적으로 지배하던 태봉국의 수도였고, 100년 전의 철원은 서울과 원산, 서울과 금강산을 잇는 철도와 도로의 분기점이자 교통의 요지였으며, 강원도에서 최초로 수도가 보급된 최첨단 도시였다. 해방과 함께 38선이 그어지면서 철원은 북한의 지배하에 들어갔고 철도와 도로는 끊어졌다. 하지만 철원은 여전히 북한에서도 가장 큰 도시들 가운데 하나였고, 최대의 곡창지대이자 군사적 요충지였다. 북한의 노동당 철원 당사는 철원은 물론 인근의 김화, 포천, 평강 일대까지 관할했다. 자연스럽게 6.25 당시 최대의 격전지가 되었고, 다행히 철원군의 상당 부분이 남한 지역으로 돌아왔다. 하지만 지금도 철원은 여전히 남북으로 갈라져 있으며 북한의 철원군은 남한의 철원군보다 인구가 두 배 이상 많은 것으로 알려져 있다.

## 특별한 땅, 특별한 사람들

철원은 경기도 연천과 마찬가지로 추가령구조곡이 지나가는 지역이어서 한쪽(북서쪽)은 평야지대가 발달하고 다른 한쪽(동남쪽)은 산악이 발달해 있다. 한탄강이 북에서 남으로 철원을 가르고 있으며, 강기슭에는 주상절리와 수직단애가 곳곳에 발달해 절경을 이룬다. 민통선 지역을 제외한 대부분의 철원 지역 관광지는 이 한탄강 일대에 몰려 있다.

철원은 또 이름에 걸맞게 땅에 철 성분이 많은 지역인데 이는 철원이 화산활동으로 분출된 용암이 흘러내리면서 식어 굳어진 땅이기 때문이다. 이 때문에 화성암과 변성암이 많은 것이 특색이고, 제주도를 제외한 전국 유일의 현무암 지대이기도 하다. 구멍이 숭숭 뚫린 철원의 현무암은 제주도의 그것보다 단단해서 뛰어난 공예품 재료가 되고 있다.

철원 사람들은 철원에 유난히 벼락이 많이 치는데, 그 이유가 땅에 철 성분이 많기 때문이라고 믿고 있다. 정확한 건 알 수 없고, 다만 철원이 낮은 지대가 끝나고 산악지대가 시작되는 지역이어서 우리나라에서 비가 가장 많이 오는 3대 지역 가운데 하나라는 것은 분명하다. 그래서 수해가 다른 지역보다 잦다.

산 높고 물 맑고 평야 드넓은 철원은 궁예가 18년으로 끝나는 태봉국을 세우고 수도로 삼았던 곳으로도 잘 알려져 있다. 그 도성 터가 남방한계선과 북방한계선 사이의 DMZ에 정확하게 들어가 있으며, 평화전망대에서 초원으로 변한 이 옛터를 자세히 볼 수 있다. 물론 도성의 자취는 없고 푸른 풀들만 무성하다. 본래 승려 출신이었던 궁예는 도성 터를 잡으면서 우리나라 최고의 풍수지리 전문가였던 도선국사와 상의를 했다는 전설이 있다. 도선국사가 잡아준 터는 역시 철원의 명산인 금학산을 주산으로 한 터였는데, 궁예는 굳이 이 터를 버리고 고암산을 주산으로 하는 현재의 터를 택하는 바람에 18년밖에 왕 노릇을 못했다는 것이다. 궁예가 꿈꾸던 세상이 어떤 것인지는 몰라도 도선국사가 꿈꾸던 세상은 어렴풋이 짐작해볼 수 있는데, 철원의 대표적인 고찰인 도피안사(到彼岸寺)의 이름 속에 그 비밀이 숨어 있다. 유토피아(피안)를 꿈꾸었던 두 승려의 실험의 흔적이 서로 다른 이름과 모습으로 지금 철원에 남아 있는 것이다.


## 고석정과 임꺽정의 고장

철원 관광이 시작되는 출발점은 고석정이다. 철원 팔경 가운데 첫 손가락에 꼽히는 고석정(철원군 동송읍 장흥리 20-1)은 한탄강의 비경을 한눈에 감상할 수 있는 곳에 위치한 신라시대의 정자다. 기암절벽 사이로 옥같이 맑은 물이 휘돌아 흐른다. 신라의 진평왕이 정자를 짓고 나중에는 고려의 충숙왕이 찾아와 노닐던 곳이라고 하는데, 진짜 명성을 얻게 된 것은 임꺽정 덕분이다. 지금의 정자 건너편에 산채를 짓고 길목을 지키다가 공물 등을 빼앗아 배고픈 백성들에게 나누어주던 곳이 바로 이곳 고석정이라고 한다. 철원은 이처럼 양주사람 임꺽정이 활동 무대로 삼았던 곳으로, 매월대폭포 입구에는 텔레비전 드라마 〈임꺽정〉을 촬영했던 청석골 세트장이 지금도 관광지로 활용되고 있다.

고석정에서 상류로 2km 지점에는 직탕폭포가, 하류로 2km 지점에는 순담계곡이 있으며 둘 다 자연경관이 빼어난 곳이어서 사시사철 관광객들이 몰린다. 인근에는 철의 삼각 전적관도 있다. 고석정에는 또 한탄강관광사업소가 운영되고 있는데, 이곳에서 민통선 지역 출입에 필요한 절차를 밟아야 노동당사를 비롯한 철원 지역 민통선 관광을 할 수 있다. 철원 지역 민통선 안쪽의 안보 관련 관광지들은 대부분 화요일마다 쉬고 하루에 출입할 수 있는 시

**성재산성** 성재산 꼭대기의 산성으로, 민간인의 출입이 차단된 지역에 있어 연구 및 보전이 제대로 이루어지지 못한 산성이다. ⓒ이상엽

간도 정해져 있기 때문에 사전에 출입 가능한 시간 등을 확인하는 것이 좋다. 한탄강관광사업소(전화 033-450-5558)에 문의하거나 철원군 관광 홈페이지(tour.cwg.go.kr)를 참조하면 된다.


## 제2땅굴과 토교저수지

제2땅굴은 매년 수십만 명이 찾는 국내의 대표적인 안보 관광지다. 휴전선에서 900m나 남쪽으로 내려온 이 땅굴을 통해 비록 지상은 아니지만 지하로나마 DMZ 안까지 들어가볼 수 있다. 거대한 땅굴 안을 걷다보면 도대체 북한의 위정자들이 왜 이런 무리한 사업을 벌였는지 이해할 수 없어 머리가 아파지기도 한다. 땅굴 관람은 천연 동굴 관광만큼 볼거리가 있는 것도 아니고 특별히 다른 즐거움이 있는 것도 아니어서 다소 곤혹스러울 수 있다. 하지만 남북의 대치와 긴장을 땅굴만큼 생생하게 보여주는 것도 없어서 철원의 제2땅굴은 철원 팔경에 포함될 정도로 인기다.

땅굴이 그다지 재미가 없었다면 인근에 있는 토교저수지(철원군 동송읍 양지리)로 가보자. 토교저수지는 1968년부터 10년 동안의 공사를 통해 만들어진 인공 저수지로 인근 지역인 철원평야에 관개용수를 공급하기 위해 만들어진 초대형 저수지다. 저수지의 주변 풍광도 볼거리지만 겨울 철새가 돌아오는 계절이면 기러기며 독수리 같은 철새들의 군무가 장관을 이룬다. 토교저수지 입구에 철새 탐조를 위한 집, 곧 '철새 보는 집'이 운영되고 있다.


## 월정리역과 평화전망대

월정리역은 남방한계선과 직접 맞닿아 있는 역으로, 예전에 경원선이 지나던 간이역이다. 역사와 객차의 잔해가 전시되어 있으며, 두루미 전시관이 함께 있다. 두루미 전시관은 철원이 얼마나 청정한 곳이며, 얼마나 많은 철새들이 찾는 땅인가를 일목요연하게 보여주는 전시관이다.

월정리역 부근에 있는 철원의 대표 전망대가 평화전망대다. 전체 DMZ 155마일 가운데 28%에 해당하는 DMZ가 철원 땅에 있다. 그런 철원에서도 가장 대표적인 전망대가 평화전망대이며, 철원평야와 궁예의 도성 터를 가장 가까이에서 볼 수 있는 곳이다. 전망대가 있는 언덕까지 모노레일이 설치되어 있는 등 최신식 시설을 갖춘 전망대이기도 하다. 전망대에 설치된 망원경을 이용하면 북한의 군인들이며 DMZ 안의 동물들 모습을 볼 수 있다. 경치가 뛰어나서 한 번 다녀오면 다시 가보고 싶어지는 전망대다.


## 노동당사와 도피안사

노동당사는 북한 정권이 1946년에 지어 6.25 전쟁 발발 시점까지 사용하던 철원군 노동당 건물이다. 3층의 벽돌 건물이며 한 층의 넓이가 100평도 넘는, 당시로서는 크고 튼튼하게 지은 건물이다. 곳곳이 포탄으로 무너졌으나 전체적인 윤곽은 여전히 건재하며, 수많은 포탄 및 총탄의 흔적들이 전쟁 동안의 치열했던 전투 상황을 웅변하고 있다. 등록문화재로 관리되고 있으며, 일제시대 철원의 융성을 증언하듯 인근에 구철원역사, 농산물검사소, 얼음창고 등이 있다. 이 일대가 본래의 철원 중심가다. 백마고지 진적비와 기념관도 인근에 있다.

노동당사에서 가까운 도피안사(동송읍 관우리) 역시 철원의 대표적인 관광지다. 서기 865년에 도선국사가 창건했다는 사찰로 우리나라 천년고찰 가운데 하나다. 전하는 이야기에 따르면 당시 도선국사 일행은 쇠로 만든 비로자

지권인 도피안사의 철제비로
자나불좌상. 불교에서 진리를
상징하는 최고의 부처인 비로
자나불을 형상화한 것이다.
통일신라 때인 865년(경문왕
5년)에 제작되었다. ⓒ이상엽

나불상을 모시고 이곳을 지나다가 불상이 없어져 큰 낭패를 보게 되었는데, 나중에 찾아내고 보니 지금의 절터에 불상이 앉아 있더라는 것이다. 이에 절을 짓고 마침내 부처님이 찾아낸 피안이라는 의미에서 도피안사라 이름을 지었다고 한다. 도선국사가 만든 철조비로자나불좌상이 지금도 도피안사에 있는데 국보로 지정되어 있다. 불상 외에 보물로 지정된 석탑 등이 유명하다.

이상에서 소개한 민통선 지역의 주요 관광지 연결 도로를 코스로 하는 DMZ 마라톤 대회가 매년 가을에 철원에서 열린다.

# 화천

칠성전망대 ● ▲백암산

5

대성산 ▲        상서면        ● 사방거리        화천읍        북한강        평화의 댐
                                                                    비목공원

461        해산령

461        460

463        56        하남면        화천        461        파로호

372        사내면                        461        간동면        403

56        75        5                        403

391        407        461        46

화천

# 화천에서 듣는 〈비목〉과 〈대니 보이〉

어릴 적 나는 경기도 양주에 있는 시골에서 살았다. 위로 형님이 네 분 있었는데, 큰형님과는 제법 나이 차이가 났다. 큰형님과 둘째 형님, 셋째 형님은 내가 철들었을 때 이미 도회지로 나가 학교를 다니고 있었다. 초등학교 다닐 때 대학을 다니던 큰형님이 학군장교(ROTC)로 입대를 했는데, 아버지가 더러 면회를 갔다 오시곤 했다.

아직도 기억에 선명한 것은 이불에 들어가 막 잠들려고 할 때 면회를 마치고 돌아오신 아버지가 어머니와 나누시던 큰형님 소식이었다. 큰 아들에게 용돈을 쥐어주고 돌아올 때 차마 발길이 떨어지지 않으셨다는, 버스에 올라탈 때 돌아본 아들의 눈가가 제법 젖어 있었다는 이야기였다. 그리고 덧붙이시던 이야기가 화천 땅 사방거리가 멀기는 멀다는 것이었다.

그때 어린 내게 입력된 낯선 공간이 다름 아닌 사방거리였다. 대체 그곳이 어디이기에 아버지는 그 먼 곳까지 가서 큰형님을 보고 오셨을까 궁금했다. 아

앞의 사진 화천의 아름다운 내 화천은 물의 나라다. 금강군 만폭동에서 용솟음친 북한강이 화천 파로호로 이어진다. 물은 맑고 새는 자유롭다. ⓒ조우혜

버지 이야기에 따르면 깊은 산골이라는데 사방으로 통하기에 사방거리일까, 산골이라는 이미지와 사방이라는 이미지가 어린 내겐 잘 연결되지 않았다.

이후 내게 사방거리는 일종의 전방 지역의 대명사, 낯선 공간의 대명사였다. 10여 년 전 광덕산 계곡으로 바람을 쐬러 갔을 때 동행한 큰형님으로부터 사방거리가 그리 멀지 않다는 이야기를 들었지만 그때도 그곳에 가보지는 못했다. 이번 민통선 기행에서 40년 만에야 나는 사방거리에 도착했다. 실로 긴 시간이었다.


## 평화의 댐에 대한 기억

화천으로 가는 길이 아주 낯선 것은 아니었다. 춘천에 있는 대학들에 더러 발표를 하러 갔을 때 화천까지 가본 적이 있다. 어느 겨울날은 친구와 함께 화천에 가서 평화의 댐을 찾아가보기도 했다. 해산터널을 지나 굽이굽이 길을 내려가자 거대한 댐이 돌연 눈앞에 펼쳐졌다.

북한의 수공水攻에 맞서 물을 가둬두지 않은 댐의 높은 제방은 말로 표현하기 어려운 이국적인 느낌을 안겨줬다. 하지만 동시에 그 느낌은 전형적인 우리 산야의 편안한 느낌과 어우러져 역시 말로 표현하기 어려운 낯섦과 낯익음을 공존하게 했다.

댐 한편에 있는 휴게소에서 캔커피를 마신 다음 서둘러 돌아오려고 하는데 양구에서 평화의 댐을 구경 온 초등학생들을 만났다. 아이들은 이제 양구로 돌아간다고 했다. 고적하기 이를 데 없는 평화의 댐에서 만나게 된 아이들. 날씨가 제법 추운데 한 아이는 사과를 막 베어 먹고 있었고, 다른 두 아이는 연방 떠들고 있었다.

평범한 풍경이었지만, 무슨 이유인지 몰라도 이 한 장면은 선명히 내 기억

남방한계선 철책을 경계하는 군인들. 현재는 군인들이 24시간 경계근무를 하지만 육군의 현대화 사업에 따라 점차적으로 무인경비시스템으로 대체될 예정이다. ⓒ이상엽

에 남아 있다. 이른 어둠이 내리기 시작하는 평화의 댐에서 아이들의 맑은 목소리가 댐 저편 계곡에 부딪쳐 돌아오는 메아리를 이루는데, 거대한 댐의 위용과 해맑은 아이들의 목소리는 다시 한 번 내게 낯익음과 낯섦을 동시에 느끼게 했다.

차를 타기 위해 주차장으로 돌아오는데 양구로 돌아가는 아이들이 트럭 뒤칸에서 손을 흔들어 인사했다. 나 역시 아이들에게 손을 흔들어 인사하고 트럭이 시야에서 사라질 때까지 내내 지켜봤다. 금방 눈이라도 내릴 것 같은 날씨에 이제 돌아가자고 친구가 재촉하던 그날 늦은 오후의 풍경이 여전히 기억의 한편에 생생히 살아 있다.


## 사창리에서 만난 문화의 세계화

여행을 떠나기 전부터 감상이 길어졌다. 화천 기행에서 맨 처음 찾은 곳은 상서면 대성산 지구 전적비와 다목리 인민군 사령부 막사였다. 인민군 사령부 막사는 해방 후 화천이 북한에 속했던 1945년에 지어진 것으로 알려져 있다. 철원 노동당사와 비교할 때 건물은 상대적으로 평범해 보였지만 그 원형이 비교적 잘 보존돼 있다.

군대를 이루는 것은 전투 또는 전쟁만이 아니다. 군대라는 조직 안에는 오히려 훈련이 상당 시간을 차지하고 군인들의 일상도 존재한다. 따라서 군인의 거주 공간은 일반 시민의 거주 공간 못지않게 중요하다.

강화에서 여기 화천까지 여러 부대들을 둘러보면서 느낀 것은 전방 군인들의 거주 공간이 최근 적잖이 개선되고 현대화되고 있다는 점이다. 그동안 만났던 상당수 사병들은 대학을 다니거나 졸업한 직후에 군대에 온 이들이며, 이른바 신세대 병사들이다. 이들을 위해 최근 전방부터 이뤄지고 있는 내무반의 현대화 작업은 오히려 뒤늦은 감이 있다. 나라를 지키는 것이 국가의 가장 중요한 과제 중 하나인 한, 국방을 담당하는 군인들의 삶의 조건을 개선하는 것은 매우 중대한 일일 터다.

화천읍으로 오는 길에 사내면 사창리를 잠시 구경했다. 사창리는 군부대를 위해 형성된 전형적인 배후 지역이다. 각종 군 관련 상품들을 판매하는 상점들, 외박을 나온 군인들을 위한 상점들, 그리고 직업군인 가족을 위한 상점들이 눈에 띄었다.

그 가운데 시선을 유독 잡아 끈 것은 적잖은 피씨PC방들이었다. 동행한 정훈장교는 외박을 나온 사병들이 시간을 보내는 곳이라고 귀띔해 줬다. 딱히 갈 곳이 없는 병사들이 이곳에서 컴퓨터 게임을 즐긴다고 한다. 사병들과 비슷한 또래의 젊은 친구들을 가르치는 것을 직업으로 하는 나로서는 이해할 수 있고 또 공감할 수 있는 이야기였다. 시대의 변화에 따라 젊은 친구들의 문화도 변하기 마련이다.

필자의 전공인 사회학의 시각에서 보자면, 문화의 세계화 물결은 여기 사창리까지 여지없이 흘러들어 왔다. 전방 지역 거리에서도 이제 피씨방, 피자집, 편의점 등을 쉽게 찾아볼 수 있는 것이 그 증거다. 엄격한 공동체적 규율이 요구되는 군대 문화와 신세대의 개인주의 문화를 어떻게 결합시킬 수 있는지는 흥미로운 사회학적 주제이기도 하지만, 현재 군대가 직면한 중요한 현실적 과제 가운데 하나이지 않을까 하는 생각을 사창리 거리를 걸으면서 떠올려보게 됐다.


## 군대 속의 사회, 사회 속의 군대

이번 기행에서 눈여겨봐온 것 중 하나는 군인들의 일상생활이다. 새삼 발

견하게 된 것은 군인들의 일상에는 그들만의 어려움이 있다는 점이다. 일반 병사는 주어진 시간이 지나면 사회로 복귀한다지만, 직업군인의 경우 자녀 교육 문제부터 시작해 겪어야하는 어려움들이 결코 적지 않은 듯했다.

무엇보다 잦은 전출로 인해 자녀들 역시 전학을 자주 할 수밖에 없는데, 정서적으로 예민할 수밖에 없는 아이들에게는 상당한 적응의 어려움을 안겨주는 것처럼 보였다. 이야기를 들어보니 자녀들이 고등학교에 입학하면 교육을 위해 가족과 떨어져 사는 장교들이 적지 않은데, 해법이 쉽지는 않겠으나 군인 자녀와 가족을 위한 특별한 정책적 고려가 필요한 것으로 보인다.

더불어 제대 이후의 노후 문제 역시 체계적인 대안을 마련해야 할 것이다. 다른 직종과 달리 군인은 나라를 지키는 국방을 직업으로 하는 이들이다. 군대라는 조직에서 청년과 장년을 보낸 이들이 전역 이후 사회에 복귀해서 자신의 경험을 바탕으로 기여할 수 있는 기회 및 프로그램들을 발굴하고 다양화해야 한다.

강화에서 시작해 화천까지 오면서 새롭게 주목한 게 있다면, 군대 역시 우리 사회의 변화를 크게 반영하고 있다는 점이었다. 교육·주거·노후 문제 등에서 그들은 적잖은 어려움을 겪고 있었으며, 이에 대한 적극적인 정책적 배려가 필요하다.

언제가 될지 몰라도 통일이 이뤄진 후에도 우리 사회가 놓인 지정학적 특수성을 고려할 때 국방은 매우 중요한 국가적 의제다. 이 점에서 군대 사회에 대한 더욱 적극적인 사회적 관심이 요구된다는 생각을 갖지 않을 수 없었다. 군대 속의 사회를 발견하는 동시에 사회 속의 군대를 재발견하게 된 것은 이번 기행이 주는 또 하나의 선물이었다.

## 평화의 댐과 평화의 종

점심을 먹고 나서 평화의 댐을 찾았다. 몇 년 전 갔던 길을 그대로 좇아갔다. 굽이굽이 산길을 올라가 해산터널을 지나 역시 굽이굽이 산길을 따라 내려갔다. 과거와 달라진 게 있다면, 옛날에는 댐 아래쪽으로 차를 몰고 갔는데 이제는 댐 위로 지나갈 수 있게 됐다는 점이다.

댐 위에 서서 주위 풍경을 둘러봤다. 오래전 캔커피를 마시던 휴게소가 댐 상류 쪽에 보였다. 하류 쪽으로는 새롭게 조성된 평화의 종 공원이 보였다. 앞서 말했듯이 물을 가둬두는 목적이 아닌 만큼 댐은 거대한 위용을 있는 그대로 펼쳐 보였다.

평화의 종이 걸려 있는 곳까지 걸어갔다. 평화의 종이 모습을 드러낸 것은 얼마 되지 않는다. 지난 5월 26일 첫 타종이 이뤄졌다고 한다. 하지만 이 평화의 종이 만들어지기까지는 4년이 걸렸다. 화천군은 2005년 10월 평화의 종 건립 선포식을 갖고 탄피를 수집하기 시작해 4년간 29개국 분쟁 현장에 있던 탄피와 한국전쟁 당시 북한군이 사용했던 탄피 등 전세계 30개국에서 탄피를 모아 종을 만들었다.

이 가운데는 이스라엘과 팔레스타인, 에티오피아와 에리트레아 분쟁 현장에 있던 탄피 등 다양한 사연이 담긴 탄피들이 포함돼 있다. 흥미로운 것은 평화의 종 무게가 갖는 상징성이다. 종의 무게는 37.5t인데, 전통적인 무게 단위인 관으로 환산하면 1만 관이 되지만 실제 무게는 9,999관이라고 한다.

이렇게 만든 것은 종 상부에 설치한 4마리의 비둘기 조형물 가운데 1마리의 날개 일부(1관)를 따로 분리해 전시해두었다가 통일이 되면 붙여서 평화의 종을 완성한다는 화천군의 계획에 따른 것이었다. 통일과 평화에 대한 간절한 염원을 담은 배려라고 하지 않을 수 없다.

## 비바람 긴 세월로 이름 모를 비목이여

평화의 종에 깃든 의미들을 생각하며 비목공원까지 걸어갔다. 비목공원은 댐 아래로 내려가는 길에 위치했다. 이곳은 널리 알려진 가곡 '비목'을 기리기 위해 조성된 공원이다.

비목의 가사는 장교 출신인 한명희에 의해 씌어졌다. 1960년대 중반 화천 지역에서 군 생활을 하던 그는 여기 평화의 댐에서 가까운 백암산에서 무명 용사의 녹슨 철모와 돌무덤을 발견하고 노랫말을 썼다고 한다. 여기에 작곡가 장일남이 1967년에 곡을 붙여 만든 노래가 〈비목〉이다. 공원 안에 위치한 시비詩碑 앞에 서서 노랫말을 읽어봤다.

"초연이 쓸고 간 깊은 계곡 / 깊은 계곡 양지녘에 / 비바람 긴 세월로 이름 모를 / 이름 모를 비목이여… 궁노루 산울림 달빛 타고 / 달빛 타고 흐르는 밤 / 홀로 선 적막감에 울어 지친 / 울어 지친 비목이여…"

이 노래에는 전쟁의 짙은 아픔이 담겨 있다. 초연이란 화약의 연기다. 궁노루란 사향노루다. 바람과 달빛만이 흐르는, 고적한 짐승들의 울음소리만 들릴 뿐인 적막한 산야에서 비목은 삶을 송두리째 앗아간 전쟁의 비극을 증거한다.

주차장으로 돌아가기 위해 다시 계단을 올라가는데 몇 년 전 이곳을 찾았을 때 느꼈던 낯익음과 낯섦을 다시 한 번 떠올리게 됐다. 낯익음이란 다름 아닌 우리 산야의 아름다움이다. 냉대 기후의 북독일 저지대 지방에서도, 지중해성 기후의 캘리포니아에서도 잠시 살아봤지만, 내게 더없는 편안함을 안겨주고 잔잔하게 마음을 젖게 하는 것은 바로 이 풍경들이다.

내가 낯설어 했던 것은 이 풍경 속에 깃들어 있는 짙은 상흔들이다. 이 땅을 지켜온 선조들, 이 땅을 살아가는 동시대인들의 삶을 돌아볼 때 전쟁이 준 상처들의 역사적, 현재적 의미를 생각하지 않을 수 없었다. 이 땅에서 살아가는 사람이라면 전쟁의 상흔과 분단의 현실을 지켜볼 때 마음 한구석이 처연해질 수밖에 없는 것이었다.

양구로 돌아가는 어린아이들의 해맑은 미소와 이야기 속에서 내가 발견한 것은 미래에 대한, 평화에 대한 간절한 희망이었을지도 모른다. 너희들은 과거가 아니라 미래이어야 하며, 절망이 아니라 희망이어야 하며, 아픔이 아니라 행복이어야 한다는 소망을 낯익음과 낯섦이 교차하는 이곳에서 나는 몇 년 전 여기 평화의 댐을 처음 찾았을 때 무의식적으로 자각했을지도 모른다.

## 칠성전망대에서 바라본 비무장지대

평화의 댐을 둘러본 다음 칠성전망대로 향했다. 해산터널로 되돌아오지 않고 북한강을 따라 올라가 민통선 지역을 경유해 상서면 산양리로 나갔다. 사람의 발길이 거의 닿지 않은 산골의 풍경은 더없이 고적하면서도 아름다웠다. 1시간 가깝게 달려 산양리에 도착해서야 바로 이곳이 사방거리임을 알았다.

한적한 산골 마을에 편의점, 음식점, 그리고 숙박업소 등이 제법 줄지어 있었다. 사방거리 주변에 7사단, 27사단, 15사단의 여러 부대들이 밀집해 있는 탓이다. 오전에 들렀던 사창리보다는 작았지만 한갓진 산골 풍경 속에 놓인 사방거리의 모습은 무척 인상적이었다. 아주 오래전 아버지로부터 들었던 산골의 이미지와 도회의 이미지가 자연스럽게 공존하고 있었다.

사방거리라는 이름은 한국전쟁과 관련이 있다고 한다. 휴전 이후 이 지역에서 군 복무를 마친 장병들이 고향에 돌아가지 않고 산양리 일대에 자리를 잡으면서 이곳에 이런 거리가 형성됐다는 것이다.

그 이름의 기원에는 두 가지 설이 있다. 하나는 당시 모든 건물이나 표식 등이 폭격으로 파손돼 이 지역을 나타낼 수 있는 것이 식별가능한 도로밖에 없었기 때문에 사방으로 도로가 뻗어 있는 것에 착안해 사방거리라는 이름이 지어졌다는 설이다. 다른 하나는, 옛날에 장날 상인들이 이곳에서 사방으로 흩어져 다음 장이 서는 곳으로 이동한다고 해서 사방거리로 불리게 되었다는 설이다.

사방거리를 지나 산길을 한참 올라가서야 칠성전망대에 도착할 수 있었다. 칠성전망대는 행정구역상 화천군이 아니라 철원군에 속한다. 전망대에서서 어둠이 내리기 시작하는 비무장지대를 바라봤다. 지난번 성재산관측소에서 느꼈듯이 강화에서 여기 화천까지 동쪽으로 이동하면서 비무장지대는 태백산맥에 점차 가까워지고 있었다. 산은 높아지고 계곡은 깊어졌다.

고개를 돌려보니 왼편으로는 적근산 줄기가, 오른편으로는 백암산 줄기가 눈에 들어왔다. 철책선을 지키는 사병에게 한겨울 이곳이 어떠냐고 물어봤다. 큰형님으로부터 대성산, 적근산, 백암산 추위가 정말 대단하다는 것을 들었던 기억이 떠올랐기 때문이다.

춥다는 이야기 대신 흰 눈 가득히 쌓인 산야가 아름답고 나라를 지키는 보람을 느낀다는 답변이 돌아왔다. 한겨울이 되면 여기 전방 고지들은 영하 30도가 넘는다고 한다. 그만큼 겨울이 가장 긴 지역이기도 하다. 수고한다는 말을 건네지 않을 수 없었다.


## 사방거리에서 듣는 〈대니 보이〉

칠성전망대에서 내려오니 산골에는 이미 짙은 어둠이 내렸다. 저녁을 먹고 서울로 돌아갈 것이라면 사방거리에서 저녁 식사를 하자고 제안했다. 우리는 중국 음식점에 들어가 식사를 주문했다. 잠시 혼자 나와 캔커피를 마시면서 사방거리를 찬찬히 둘러봤다.

40년 전 아버지는 어디서 큰형님과 밥을 드셨을까, 어디서 차마 떨어지지 않는 발걸음으로 버스를 타셨을까, 40년 전 사방거리의 풍경은 어떠했을까 하는 생각을 하지 않을 수 없었다.

그렇게 큰 거리는 아니지만 사방거리는 말 그대로 사방으로 열려 있는, 화천으로, 김화로, 양구로 열려 있는 길이었다. 아버지가 오랜 시간 버스를 타고 온 길을 이제는 이렇게 내가 다시 예기치 않게 찾아온 셈이었다. 세계로 나갔다가 다시 돌아와, 지금 이렇게 여기 사방거리에 서서, 이제 다시 세계로 나아가는, 사방으로 열려 있는 길 위에 내가 서 있다는 생각이 들었다.

문득 낯익은 멜로디 하나가 떠올랐다. 〈대니 보이Danny Boy〉였다. 〈아! 목동

아)라는 제목으로 옮겨진 이 노래는 1850년대에 채록된 북아일랜드 민요다. 처음에는 제목이 북아일랜드 도시인 런던데리를 따온 〈런던데리 노래 Londonderry Air〉였지만, 시간이 흐르면서 〈대니 보이〉라는 제목으로 더 많이 알려지게 됐다.

이 노래에는 아일랜드의 현대사를 이루는 영국의 지배와 이에 대한 항거가 담겨 있다. 노래의 내용은 전쟁터에 나간 아들을 그리워하는 부모의 간절한 심정을 전달한다. 내가 좋아하는 것은 특히 두 번째 구절이다.

"저 초원에 여름이 돌아오고 / 골짜기가 조용해지고 흰 눈이 쌓일 때 너는 돌아오라 / 나는 햇빛 속에서나 그늘 속에서나 이곳에 있으리라."

지난 2개월 동안 비무장 지대와 민통선 지역을 돌아다니며 내가 발견한 것은 무엇인가. 민통선은 우리 외부에 있는 공간이 아니라 우리 내부에 있는 마을이라는 것 아니었을까. 타자들의 공간이 아니라 바로 내 아버지의 땅, 어머니의 땅, 큰형님의 땅, 무엇보다 내 삶의 땅이라는 자각이었다.

〈비목〉이 노래하듯 "비바람 긴 세월"을 의연히 지켜온, 〈대니 보이〉가 노래하듯 "햇빛 속에서나 그늘 속에서나" 머물러 있어야 할 우리 땅이 바로 민통선 아니겠는가. 2009년 7월 어느 여름날 저녁 여기 사방거리에서 나는 세계로 나가는, 세계로부터 들어오는 동시대인들의 삶을 바라보고 느끼고 생각하고, 그 한가운데 서 있는 내 자신을 발견하고 있었다.

화천읍으로 가는 저쪽에서 한 줄기 시원한 바람이 불어 왔다. 고적한 산골 마을에서 만난 저녁 바람이 춤을 추고, 가로등 불빛에 모인 나방들 역시 춤을 추고 있었다. 메마른 나의 영혼도 서서히 춤을 추기 시작했다.    (2009. 8. 11)

앞의 사진 산맥 철책 너머 산맥이 흐른다. 이곳에서부터 동부전선의 험한 산줄기가 모습을 나타낸다. 무거운 적막이 흐른다. ⓒ이상엽

# 평화를 그리는 도시

서울에서 북쪽으로 향하는 43번 국도는 언제나 붐빈다. 서울에서 일찍 출발했지만 출근시간이기 때문인지 오늘도 역시 도로는 아침부터 많이 막힌다. 현리 근처의 한 식당에서 곰탕을 먹었다. 우리 일행이 비무장지대 기행을 하면서 먹는 것은 주로 곰탕, 갈비탕, 해장국 등 가장 빨리 먹을 수 있는 음식들이다. 오늘 아침밥은 내 평생 다시 먹어보지 못할 오늘만의 아침밥인데 단지 빨리 먹을 수 있다는 기준 하나로 또 곰탕을 선택했다. 억울함이라는 약간의 양념을 곰탕에 얹는 순간 곰탕집 계산대 옆에서 제4땅굴이 있는 민통선 대암산 지역에서 나온 꿀을 생산자가 직거래로 판매한다는 광고 문구를 발견했다. 비무장지대 기행을 시작하고 있구나를 새삼 알려준 광고였다.

## 사창리에서

오전 일정으로 대성산 지구 전적비와 인민군사령부 건물을 둘러보았다. 인연과 사연이 있는 사람들에게는 이러한 장소들이 소중한 의미일 터이지만, 낯선 방문자에게는 단지 무미건조한 기념탑과 잡초로 둘러싸인 낡은 건물로만 보였다. 비무장지대와 민통선 근처에는 다양한 볼거리가 있고 역사적, 문화적으로 의미 있는 사적지가 많이 있다. 그러나 볼거리나 사적지들이 대단히 기상천외하거나 세계에서 몇 개 안 되는 하드웨어가 아닌 한 그 자체로 방문객의 흥미를 자극하기는 어렵다. 중요한 것은 하드웨어가 아니라 그 안에 담겨 있는 스토리다. 하드웨어와 스토리가 어우러져 보는 이의 상상력을 자극하고 듣는 이의 감동을 끌어올릴 때 아주 작은 돌멩이 하나 조차도 훌륭한 관광자원이 된다. 대성산 전적비보다는 오히려 전적비 옆에 붙어 있는 경고 문구가 눈에 들어온다. 산나물이나 약초를 불법으로 채취하는 것을 금지한다는 내용이었는데, 발각되는 경우에는 7년 이하의 징역이나 2,000만 원 이하의 벌금형에 처해진단다. 아니 세상에 산나물 좀 캤다고 이렇게 무거운 벌을 받다니……

화천읍으로 가는 길에 사창리에 들렀다. 이번 기행에서 처음으로 방문한 군인 관련 비즈니스 마을이다. 먼저 눈에 들어온 것은 서울 길거리에서는 흔히 눈에 띄지 않는 방앗간이었다. 면회 온 친지들이 병사들과 병사의 전우들을 위해 떡을 준비하기도 하나 보다. 군인들이 외박을 나오면 가볍게 술을 마실 수 있는 장소의 이름은 알콜충전소였다. 어떤 여관의 1층에는 설렁탕과 감자탕을 파는 음식점이 자리 잡고 있었다. 음식과 숙박을 한곳에서 해결할 수 있는 곳이라 외박 나온 군인이나 면회 온 사람들에게 참 편리할 것 같다는 생각을 했다. 신한은행의 365일 자동화코너가 있었고, 내부에는 3대의 ATM 기계가 설치되어 있었다. 서너 군데 있는 군인백화점 중 한 곳에 들어가보았

가파른 계단 군대에서는 효율성이 특히 중요해서 불필요한 낭비가 거의 없다. ⓒ조우혜

다. 가게 바깥 간판에는 '명찰 오바로크'라고 크게 써놓았고, 가게 안에는 군모, 군화, 버클, 수통, 땀받이 세트 등의 군용물품이 즐비했다. 그리고 한편에서는 코팩과 여드름 패치가 판매되고 있었다. 아마도 외모에 예민한 신세대 장병들이 찾는 물품이겠구나 하는 생각을 하니 웃음이 슬쩍 나왔다.


## 군인들의 고민

사창리 거리를 구경한 후에는 인근 부대의 장교들 몇몇과 같이 식사를 하는 자리가 마련되었다. 경제학을 전공한 나의 관심사항 중 하나는 군인연금 등 공적 연금에 관한 것이다. 식사 도중 군인연금에 대해 물어보니 군대에서 26년째 근무한 서 원사는 전역 이후 자신의 연금수령액이 월 190만 원에 불

군인들이 먹여 살리는 가게 화천 읍내의 경제는 군인들에게
달렸다. 수많은 가게들의 주 고객은 이 지역에서 근무하는
군인들이다. 이 상점은 군복 등 비품을 팔거나 수리하는 곳
이다. ©이상엽

과하다고 말했다. 그리고는 5사단의 어떤 직업군인이 전역 이후 연금을 일시불로 받아 지인들에게 모두 사기당한 이야기를 들려주었다. 집에서 기르던 반달곰을 산에다 풀어놓으면 자연에 적응하지 못하듯이 군대에서 거의 평생을 보낸 군인들은 사회에 적응하기가 쉽지 않다는 이야기를 첨언했다. 이야기를 듣고 있던 김 중령은 군인연금이나 군인 거주 주택문제의 해결보다 더욱 바라는 것은 국민들이 국방에 대해 많은 관심을 가지고 군인들을 존경하게 되는 것이라고 말했다. 신병교육을 맡고 있는 이 중령은 요즘 신병들이 너무 비만하고 체력이 약하다는 점을 우려했다. 서 원사는 근처 GP에서 있었던 총기사고 이야기를 했다. 끔찍한 사고현장에서 보았던 혈흔들의 기억으로 인해 아직도 악몽을 꾼다고 했다. 군인들의 일상과 고단함, 그리고 보람 등을 소탈하게 이야기하는 사이 벌써 점심시간은 다 지나갔다.

우리나라의 고령화 속도는 세계에서 가장 빠르고 2050년경에는 세계에서 가장 노인비율이 높은 국가가 될 것으로 예상되고 있다. 연금은 우리 사회가 고령화되면서 가장 큰 관심사로 부상할 것이다. 현재의 인구 예측과 연금 구조라면 국민연금은 2044년부터 적자로 돌아서고 국민연금은 2060년에, 사학연금은 2024년에 고갈될 것으로 예상된다. 공무원연금은 이미 1993년부터 적자가 나기 시작해 현재 매년 1조 원 이상을 정부에서 보조받고 있다. 군인연금도 이미 1973년부터 적자가 시작되었고, 최근에는 연간 1조 원 가량의 정부보조금을 받고 있다. 국방연구원의 2007년 연구에 따르면 매년 보수 인상률을 6%로 가정하는 경우 군인연금에 대한 국가보조금은 2007년 1조 원 수준에서 2070년도에는 34조 2,000억 원으로 34배 증가할 것으로 예상된다. 다만 국가보조금의 34배 증가는 동 기간 중 재정지출 증가인 36배보다는 적어서 상대적으로 정부의 부담은 줄어들 것으로 예상된다.

대다수의 국민들은 공무원연금, 사학연금 그리고 군인연금 등이 국민연금에 비해 상대적으로 적게 내고 많이 타는 구조로 되어 있다는 점에 대해 불만이 적지 않다. 해당 연금의 설립 초기부터 공무원, 사립학교 교직원, 군인 등이 상대적으로 더 많은 혜택을 보게 설계된 것은 나름대로의 합당한 이유가 있었기 때문일 것이다. 그러나 시간이 지나면서 경제사회 환경이 달라졌으며, 각자의 직업이 가진 사회적 역할도 달라졌다. 특히 고령화 속도가 예상보다 빨리 진행되면서 국민연금 개혁과 함께 공무원연금 개혁에 대한 사회적 압력이 증가했다. 향후 공무원연금은 필연적으로 개혁될 수밖에 없을 것이고, 공무원연금의 개혁은 거의 자동적으로 사학연금이나 군인연금의 개혁에 영향을 미칠 것이다. 다만 공무원, 사립학교 교직원에 비해 군인들이 가지는 특수성을 얼마나 감안할 것이냐의 문제가 남는다. 언제 있을지 모를 그날을 대비해 끊임없이 계속되는 훈련, 복무 기간 중 평균적으로 30회 정도나 이사를 해야 하는 근무 여건, 이로 인한 가족과의 별거 및 자녀들의 교육 문제, 그리고 계급정년 및 정년 이후 사회 복귀의 어려움 등이 군인이라는 직업이 가지는 특수성이다. 이밖에 그들은 국토방위라는 신성하고 막중한 임무를 수행하고 있으며, 보통의 사람들과는 달리 언제 어느 순간에도 생명의 위험에 처할 수 있다는 군인 자체가 가지는 특수성도 있다. 이러한 특수성들이 단지 재정 안정화라는 기준으로 군인연금의 개혁을 다른 연금의 개혁과 동일하게 취급해서는 안 될 이유들이다.


얼음나라 산천어축제

오후에는 화천군청을 방문했다. 군청 사무실 앞에는 참살이 한옥을 짓는 경우 3.3m²당 259만원을 지원한다는 설명과 함께 참살이 한옥의 모형이 전시되어 있었다. 나중에 전해 들은 사실이지만, 소설가 이외수 씨가 이곳에 살고 있는데 후배 문학도들을 가르치는 강의실이 참살이 한옥으로 건립되었단다. 화천군청에도 지방재정조기집행상황실, 비상경제상황실과 같은 경제위기 관련 조직들이 운영되고 있었다. 군정홍보담당관에게 민통선 내에서의 경제활동에 대해 물으니, 주거마을은 없고 단지 벌꿀 통을 놓고 양봉을 하는 분들이 더러 있다고 한다. 아침밥을 먹은 곰탕집에서 보았던 꿀 광고판이 생각났다.

비무장지대와 민통선 근처에 있는 어느 고장이든 사연이 없는 곳이 없으련만, 화천도 여러 가지 사연이 뒤얽혀 있는 곳이다. 우선 화천은 무수한 중공군이 사망했던 파로호의 전설이 남아 있는 곳이다. 군사보호시설, 자연자원보전지역, 상수원보호지역과 관련된 규제 지역을 단순하게 모두 합치면 화천군 전체 면적의 150%에 달하는 규제의 땅이기도 하다. 또 지역 전체가 6.25전쟁 이후에 수복된 지역이다. 화천읍은 전쟁 직후 국군의 공병대 사병이 미국 도시의 블록 개념을 이용해 설계한 도시이다. 지금은 도시 개발의 진전에 따라 최초의 블록 개념이 다소 희석된 부분이 없지 않으나 전체적으로는 바둑판 같은 도로 사이사이에 건물이 들어서 있어서 블록의 개념이 상당히 많이 남아 있다.

화천은 '얼음나라 산천어축제'로도 유명하다. TV화면에서 보았던 산천어축제는 추운 겨울에 가족 단위의 많은 관광객들이 얼음 위에서 낚싯줄을 드리우고, 가끔씩 낚싯줄에 걸린 물고기를 허공으로 끌어올리면서 그 짜릿한 손맛을 한껏 만끽하는 축제였다. 실제로 최근에는 산천어축제 방문자들이 100만 명을 넘고, 지역 경제 파급 효과도 500억 원을 넘어서는 것으로 화천군은 추정하고 있다. 군청 담당자들에게 각 지역의 여러 가지 축제 중에서 왜 화천군의 산천어축제가 유명해졌느냐고 물으니, 관련 공무원들의 노력 때문이라고 간단하면서도 약간은 당황스러운 대답이 돌아온다. 그런데 이야기를

벽화 화천 읍내에는 벽화가 많다. 주로 화천을 상징하는 산천어, 눈, 호수와 얼음이 주 테마이다. 겨울에 열리는 산천어축제가 이 지역을 대표한다. ⓒ조우혜

들어보니 그럴 법도 하다. 관광객들이 실제로 물고기를 잡는 경험을 하도록 만들기 위해 다양한 산천어용 미끼를 개발하고, 수온을 조절할 수 있는 방법을 연구하고, 크고 작은 물고기를 섞어서 방사하는 등의 갖은 노력을 했단다. 또한 지역 경제에 파급 효과를 높이기 위해 화천군 내에서만 사용 가능한 상품권도 도입했다고 한다.

화천군청 담당자들은 화천 지역의 발전 계획에 대해 나름대로 확고한 비전을 가지고 있었다. 비무장지대 서부전선은 개발을 하려는 욕망이 강하지만, 화천 지역은 처음부터 보전을 염두에 두고 계획하고 있었다. 공해를 유발하는 산업단지는 처음부터 구상조차 하지 않았으며, 기업 유치도 연구소 등 자연을 훼손하지 않는 시설만을 선택적으로 받아들이고 있다. 화천은 지금도 대한민국에서 가장 오염되지 않은 고장이며, 향후에도 대한민국을 대표하는 청정 생태지구로 만들겠다고 했다. 접경지역협의회에 대해 물었더니 규제 완화라는 공통과제에 대해서는 한목소리를 내지만 실제 현안에 들어가면 각 시군이 서로 경쟁하는 경우가 많기 때문에 실효성이 크지 않다고 생각한다는 대답이 돌아왔다.


## 비무장지대의 가치는 얼마일까?

과연 우리 국민들이 생각하는 비무장지대의 보존 가치는 얼마나 될까? 이에 관한 연구는 경희대 이춘구 교수의 2005년 연구가 거의 유일하다. 이 교수는 가상가치평가법[CVM]을 이용해 비무장지대의 경제적 가치를 추정했다. 동 연구에서 응답자들에게 다음과 같은 질문을 했다.

"지금까지 DMZ 접경지역의 지속적인 통제와 규제로 인해 초래된 경제적 손실을 보상하기 위해, 만일 국민들에게 (가칭) DMZ환경보존기금을 받는다고 할 때, 귀하께서는 환경보전기금이 (  )원이라면 이를 지불하실 용의가 있으십니까?"

금액별 지불 용의의 비율을 단순 평균하면 내국인들의 31.4%, 일본인들의 43.0%가 지불 용의가 있는 것으로 나타났다. 또한 1인당 평균 지불 의사 금액은 내국인 2만 1,100원, 외국인 3만 1,400원으로 나타났다. 내국인 중 20세 이상의 인구를 곱해 전체 가치를 계산하면 DMZ 생태자원에 대한 총 경제적 보존 가치는 약 7,600억 원으로 추정되었다. 이 액수의 절대적 수준에 대해서는 평가하기가 어렵다. 동일한 방법으로 다른 자원에 대한 가치 평가가 이루어져야 보다 객관적인 비교 분석이 가능하기 때문이다. 다만 우리 국민들 중에서 30% 이상이 DMZ 보존을 위해 환경기금을 지불할 용의가 있으며, 이 금액이 7,600억 원에 달한다는 점에서 DMZ 보전에 상당한 가치를 부여하고 있다고 할 수 있다(아쉽게도 이 교수의 연구에서 추정된 7,600억 원이 일회성인지, 매년인지는 구분되지 않는다).

## 평화롭지 않은 평화의 댐

다음 방문 장소는 평화의 댐이다. 우리 일행을 태운 버스는 굽이굽이 가파른 산길을 쉼 없이 올라갔다. 귀가 아파왔다. 이때 우리가 탄 버스 창밖으로 그 가파른 길을 산악용 자전거를 타고, 아니 끌고 올라가는 사람이 보였다. 같이 기행을 하고 있는 사진작가는 자전거를 끌고 가고 있는 그 사람을 약 1시간 전쯤에 화천군청 근처에서 만났다고 했다. 그 사람은 평화의 댐을 건설할 당시 국민성금을 낸 사람이었고, 본인이 낸 성금이 어떻게 쓰였는지 확인하러 평화의 댐에 가고 있다고 말했단다.

해산터널과 대붕터널을 지나 평화의 댐에 도착한 것은 오후 4시경이었다.

평화의 댐의 평화 바람 소리만 스치는 이 광막한 댐의 하류
에는 들꽃만이 만개해 있다. 과연 이 댐은 왜 여기 서 있을
까? ⓒ이상엽

평화의 댐은 바닥에서부터의 높이가 거의 300m에 육박하고 길이가 600m가 넘으며 육안으로 보기에 두께가 100m는 넘어 보였다.

사진을 찍는 팀과 함께 자동차를 타고 남쪽의 댐 아래쪽으로 내려가 보았다. 댐 아래에는 노란색, 주홍색, 흰색의 들꽃이 만발해 장관을 이루고 있었지만 거대한 성벽 같은 댐이 주는 적막감에 파묻혀 울긋불긋한 들꽃들은 마치 거대한 회색 들꽃의 군상처럼 보였다. 아래에서 본 평화의 댐은 멋있게 표현하면 적의 수공으로부터 조국을 지키는 웅장한 성벽이었고, 느끼는 대로 표현하면 천혜의 산속에서 자연의 풀이나 나무들과는 전혀 어울리지 않는 거대한 콘크리트 덩어리였다. 다시 댐을 올라와 상류인 북쪽으로 향했다. 일반적인 댐이라면 물을 막은 상류쪽에 물이 고여 있어야겠지만, 평화의 댐 북쪽에는 물이 거의 없었다. 졸졸 흐르는 도랑물이 전부였다.

댐의 북쪽 아래로 내려가보니 중간에 사유지란 표시가 나오고 민박, 휴게소 등의 간판이 나왔다. 가까이 가보니 기념품이나 북한특산품을 파는 휴게소가 있었고, 휴게소를 지키는 듯한 몇 마리의 개들은 낯선 방문자를 쫓아버리려는 듯 큰 소리로 계속 짖어대고 있었다. 사유지를 지나 더 들어가니 길의 끝부분에 초소가 나타났다. 만약 평화의 댐에 물이 차 있다면 물속의 초소가 될 것이다. '한번 백두산은 영원한 백두산'이라는 구호가 초소 정문 위에서 호령하고 있었고, 백두산부대의 젊은 초병은 눈을 부라리며 낯선 우리를 경계하듯 쳐다보았다.

평화의 댐 주위에는 세계평화의 종, DMZ아카데미, 비목공원, 물문화원, 물빛누리 카페테리아, 국제평화아트파크 예정지 등 다양한 볼거리가 있다. 그러나 필자가 방문한 평화의 댐은 결코 평화로워 보이지 않았다. 〈비목〉의 가사가 뿌려놓은 적막감과 물 없는 댐이 안기는 삭막함이 보는 이를 짓누르는 그런 곳이었다. 거대한 평화의 댐은 마치 남북한 사이에, 남북한의 사람들 사이에 그리고 남북한 사람들의 마음 사이에 존재하는 커다란 벽을 상징하는 것처럼 보였다.

평화의 댐에 대해서는 시대에 따라 다양한 논란이 있어왔다. 평화의 댐 1차 공사 기간은 1987년부터 약 2년간이며, 국민성금 64억 원을 포함해 총 1,506억 원의 공사비가 소요되었다. 2단계 사업에는 2002년부터 약 4년간 2,329억 원의 공사비가 소요되었다. 요즘 비용으로 환산하면 대략 5,000억 원이 넘는 공사비가 소요된 것이다. 북한의 임남댐(금강산댐)은 길이가 710m, 높이가 121m로 1986년부터 약 17년간 건설되었다. 북한이 얼마나 많은 공사비를 투입했는지는 알 수 없다. 북한도 평화의 댐과 비슷한 규모의 댐 공사를 했고 이에 소요된 공사비가 평화의 댐과 유사하다고 가정하면 남북한은 현재 가치로 1조 원이 넘는 돈을 댐 공사에 투입한 것이다. 1조 원이라면 필자에게나 일반인에게나 얼마나 큰돈인지 감이 잡히지 않는다.

만약 1조 원이라는 자원을 댐 공사에 투입하지 않고 다른 경제적인 사업에 투입했다면 어떤 일을 할 수 있었을까? 경제학적으로 말하면 기회비용이 얼마일까? 한국은행 추계에 따르면 2008년 북한 GDP는 약 27조 원이고 농림어업에서 연간 산출하는 총 부가가치는 약 6조 원이다. 이러한 수치로 판단할 때 아마도 1조 원은 북한 주민들의 식량 부족분을 채우기에 충분한 금액일 것이다. 굶주림을 충분히 해결할 수 있는 자원이 태백산맥과 전혀 어울리지 않는 거대한 콘크리트 댐 건설에 사용된 것이다.


## 칠성전망대에서

우리 일행의 마지막 기행지는 칠성전망대다. 평화의 댐에서 민통선을 지나 전망대로 향하는 길 옆으로 폭은 넓지만 물은 별로 없는 개천이 계속되었다. 북한강의 일부이다. 그러나 주위의 푸른 산이나 나무들과는 달리 가늘게 흐르는 개천 물은 흙탕물처럼 탁해 보였고, 물줄기 주위는 모래가 아니라 축적된 진흙으로 뒤덮여 있었다. 북한의 임남댐에서 물을 막았기 때문이란다. 일반적으로 남한강의 발원지는 태백산이고 북한강의 발원지는 금강산으로 알려져 있다. 그 금강산 물을 북한의 임남댐이 막고 있고, 서울시민이 매일 마시는 아리수의 시작은 이렇게 흙이 뒤섞인 흙탕물로 시작하고 있다. 몇 차례 민통선을 들락날락하고 꽤 늦은 시각에 독수리연대 민통선 초소를 통과했다. 이번에도 어김없이 길 양쪽에는 지뢰라는 삼각형 표지가 철망에 붙어 우리를 반기듯 나불거리고 있다. 철책을 지나 가파른 길을 10여 분 올라 칠성전망대에 도착했다. 높은 곳에 올라오느라고 무리를 했는지 우리가 탔던 버스의 타이어에서 타는 냄새가 진동했다.

칠성전망대 부근은 휴전협정이 진행되는 와중에도 마지막까지 전투가 계속되었던 곳이다. 칠성전망대에서 근처에 있는 초소에 올라가보았다. 남방한계선을 따라 설치된 철책 바로 뒤에 약 10m 정도의 높이로 만든 경계용 초소였다. 초소 위에 올라섰을 때는 마침 어둠이 조금씩 내려와 저 먼 곳의 고지부터 하나씩 집어삼키고 있었다. 서서히 내려오는 어둠은 남과 북에 공평하게 드리우고 있었고, 녹색 산야가 흑녹색 산야로 변해가는 모습도 남과 북에 차이가 없었다. 다만 차이가 있다면 남쪽에서는 북쪽을 경계하고 있고, 북쪽에서는 남쪽을 경계하고 있다는 점이었다.

칠성산전망대 주위에는 여러 개의 GP가 있고 그중에는 북한 GP에서 우리 GP까지의 거리가 830m에 불과한 곳도 있다. 전망대에서 우리는 최신형 PDP TV를 통해 북한군의 최근 동향에 대한 설명을 들었다. 촬영된 영상에는 군복을 대충 입은 채로 낮잠을 자는 북한군의 모습이 있었고, 식량문제 때문인 듯 화전을 일구는 북한군의 모습도 있었다. 전망대에서 우리에게 지형 설명을 한 병사는 우리 GP에 태극기와 UN기가 동시에 걸려 있음을 상기시키며 우리 GP에 대한 북한군의 도발은 한국뿐만 아니라 UN에 가입한 모든 국가에 대한 도발임을 강조했다. 그리고 근무하는 소감을 묻는 질문에는 보람과 고됨도 함께 있지만, 무엇보다 뿌리까지 빨갛게 물든 칠성산전망대 부근의 가을 단풍은 제대 후에도 잊을 수 없을 것 같다고 했다.

설명을 듣는 사이 시계는 벌써 저녁 8시를 향해 달려가고 있었다. 또 비가 오기 시작한다. 침대형 생활관에 들러보니 커피 자판기, 위성 TV 안테나 등이 보였다. 벽에 메모판이 있기에 습관처럼 살펴보았다. '고생하십시오'라는 병사의 메모에 소대장은 '니들이 고생이 많다!'는 어느 개그프로의 유행어로 답하고 있었다. '세제, 전투화 손질약과 치약이 부족하다'는 병사의 메모에 소대장은 '위생구 좀 있다 나온다. 정 못 참겠으면 소초장실로 와라, 내가 사다주마'라는 답문이 있었다. 정말로 소대장이 사주었는지 궁금해졌다.

비슷한 시간, 비가 부슬부슬 내리는데 매복조가 비무장지대에 들어갈 준비를 거의 마쳤다. 지금 매복에 들어가면 밤새도록 경계를 서고 내일 아침이 되어서야 다시 부대로 돌아올 것이다. 얼굴은 검정 크림으로 위장을 하고 적지 않은 무게의 군장을 메고, 실탄을 장전한 총을 든 병사들은 비오는 오늘 밤에도 야외에서 뜬눈으로 밤을 지새울 것이다. 지금 이 땅에 사는 우리 국민

위장 준비 잘 지키기 위해서는 잘 숨어야 한다. 화천지역의
수색대 병사가 근무에 들어가기 앞서 꼼꼼하게 위장을 하고
있다. ©이상엽

중에 오늘 밤에도 우리의 병사들이 국토의 최북단 비무장지대 안에서 조국을 지키기 위해 비를 맞으며 경계근무를 서고 있다는 사실을 아는 사람이 얼마나 될까?

이제까지의 기행 중에서 가장 늦은 시간에 화천기행이 끝났다. 철원으로 가면 더 빨리 서울에 도착할 수 있지만 민통선지역의 출입 시간이 지나 춘천 쪽으로 돌아서 가야 한단다. 마치 타임머신을 타고 과거 통행금지가 있었던 시절로 되돌아간 것 같다. 산양리의 중국음식점에서 저녁밥을 먹었다. 대부분의 동네 중국집 메뉴에는 '짜장면'으로 잘못 적혀 있는데, 이 음식점에는 '자장면'이라고 정확하게 적혀 있다. 규칙을 중시하는 군인들과 맞춤법을 중시하는 군부대 근처의 중국집이 묘한 조화를 이루고 있는 셈이다.

밤샘 경계 근무를 위해 비무장지대로 들어가는 매복조 병사들의 검은 얼굴과 그 얼굴 속에서 빛나던 초롱초롱한 눈동자들이 마치 나를 따라다니는 것 같다. 피곤한 몸이지만 오늘 밤도 쉽사리 잠을 자기 어려울 것 같다.

# 수달이 춤추면 경제도 덩달아 춤춘다

깎아지른 듯한 절벽 사이로 북한강이 출렁인다. 학 한 마리가 연방 잔 날갯짓을 하며 절벽과 강 사이를 오르내린다. 북한강의 그윽한 소리와 어울리며 장관을 연출한다. 절벽과 강이 펼쳐놓은 비경이다. DMZ 최전방 강원도 화천은 신이 선물한 자연을 그대로 품고 있다.

이곳은 '물의 나라'로 유명하다. 금강군 만폭동에서 용솟음친 북한강이 화천 파로호로 이어진다. 아쉬운 점은 이 물이 북한강 본류가 아니라는 것. 휴전선 북쪽에 건설된 임남댐이 본류를 막고 있기 때문이다. 이 물은 20만kW의 전력을 생산하는 데 사용된 뒤 동해로 쓸쓸하게 빠져나간다.

남북 분단이 사람의 왕래는 물론 물의 흐름까지 끊어놓은 것이다. 이데올로기 갈등이 초래한 뼈저린 아픔이다. 물만 막은 게 아니다. 북한강 최상류 화천 오작교 밑엔 수중 저지선이 깔려 있다. 가로 15cm, 세로 10cm 구멍이 촘촘히 박혀 있는 저지선이다. 그래서 작은 물고기를 제외하곤 어떤 육상동물도 이곳을 통과하기 어렵다. 목숨을 담보로 내놓지 않는 한 말이다. 이것이 바로 학계에서 "한국전쟁 이후 남북 육상동물의 DNA가 달라졌을 것"으로 추정하는 이유다. 이념 갈등은 생태계까지 변질시키고 있다.

그런데 육상동물 중 유일하게 남북을 왕래하는 것이 있다. 특유의 유연함으로 수중 저지선을 돌파하는 동물, 바로 수달이다. 화천에서 수달을 남북평화의 상징으로 치켜세우는 까닭이다. 천연기념물인 수달을 보호하기 위한 군의 노력이 남다르다. 2007년 화천군과 남북한 연구기관은 수달 보호를 위한 공동조사 연구협약을 체결했다.

북한 국적의 정종렬 조선대 교수는 "금수강산에 서식하는 동물은 한 종도 멸종해선 안 된다"며 "수달 공동연구 협약은 한반도가 야생동물의 천국으로 거듭나는 초석 역할을 할 것"이라고 했다. 화천군은 '비무장 지대 수달 계획'도 적극 추진하고 있다. 모두 99억 3,100만 원을 투입해 수달연구센터와 생태공원을 건설하고 있으며, 2010년 12월 완공할 계획이다. 여기엔 야생동물의 표본전시실ㆍ연구센터 등이 들어선다. 물의 나라 화천엔 이처럼 수달이 살고, 수달은 허리가 두 동강난 남북을 오가며 희망의 싹을 틔운다. 하지만 화천 경제는 아직 희망의 끝자락마저 보이지 않는 어두침침한 터널을 지나고 있다.


## '물의 나라' 화천 막아선 휴전선

"하늘에서 돈이 내립니까? 물 팔면 돈이 나옵니까?" 조그만 밭을 일구던 군민은 회한을 쏟아냈다. "여기는 성장 시계가 멈춘 곳 같습니다. 오죽하면 젊은이는 없고, 노인만 남아 있을 정도죠." 자연을 보호하기 위해선 적절한 규제가 필요하다. 화천도 예외일 수 없다.

**인민군 막사** 화천의 한 부대 안에 있는 북한 인민군사령부 막사. 전쟁이 부순 것은 얼마고 전쟁 후 없애버린 것은 또 얼마일까? 겨우 남은 것은 이런 것이다. ⓒ이상엽

화천군의 자연환경 보존지역은 전체 면적 909km²의 4.5%(41km²), 수질환경보호법상 청정지역은 68%(618km²)를 차지한다. 접경지역인 탓에 군사시설보호구역도 685km²에 이른다. 이 때문인지 상업 거리, 공장지대도 눈에 띄지 않는다. 군의 상·공업지대는 각각 0.3km², 0.03km²에 불과하다. 화천의 지역개발사업이 그만큼 더디다는 얘기다. 군의 살림살이 역시 썩 좋지 않다. 연 재정규모는 2,000억 원을 밑돌고, 재정자립도는 13%에 불과하다. 강원도 평균의 28% 선이다. 그러나 역으로 보면 이것이 화천의 또 다른 기회다. 자의 반 타의 반으로 청정 자연을 지켜온 덕분에 화천엔 볼거리가 넘친다.

자연스럽게 생긴 원시림은 이 군의 자랑거리. 광덕계곡을 따라 크고 작은 바위가 밀집한 것도 관광자원으로 충분해 보인다. 계성리 석등(보물 496호), 위라리 7층석탑(유형문화재 30호), 성불사지 석불입상(유형문화재 115호) 등 문화재도 적지 않다.

더구나 화천은 접경 지역. 평화의 댐, 인민군 막사, 비목공원, 칠성 전망대 등 역사·안보 관련 문화 자원이 풍부하다. 화천에 연 150만 명을 훌쩍 넘는 관광객이 붐비는 이유는 여기에 있다. 화천이 추진하는 '친환경 DMZ 개발계획'도 그래서 주목된다. 대표적 사업은 자전거 코스 조성 계획이다.

군은 지난해 DMZ MTB 자전거 전국대회를 성공적으로 개최했다. 올해엔 화천읍—풍산리—평화의 종 공원—안동철교 구간을 추가로 만들 방침이다. 화천강변 100리 길 레저 자전거 코스도 조성하고 있다. 북한강 일대를 잇는 이 코스는 전국 최고의 강변 자전거 코스로 계획돼 있다.


## 희망과 절망 공존하는 화천 경제

이뿐만 아니다. 파로호—평화의 댐—백암산을 연결하는 평화생태특구 조성사업도 눈길을 끈다. 이는 2012년까지 화천읍 풍산리와 파로호 일대 7만 3,156m²에 세계 유일의 DMZ 평화·생태 관광지를 조성하는 대규모 프로젝트. 340억 원의 사업비가 투입된다. 이 특구는 '파로호권 관광벨트'의 중심이 될 것으로 기대된다. 프로젝트가 마무리되면 파로호 선착장 → 평화의 댐 일원(세계평화의 종 공원·국제평화아트파크) → 평화생태특구(평화안보파크·생태관찰학습원)를 거쳐, 곤돌라를 타고 백암산 정상 전망대에 올라 DMZ를 바라보는 패키지 관광이 가능해진다.

특히 생태관찰학습원엔 최상류 습지의 다양한 생태자원을 체험할 수 있는 야생 사파리가 조성될 계획이다. 화천군은 2012년 평화생태특구 조성이 완료되면 연 35만여 명의 관광객이 찾을 것으로 예상하고 있다. 이에 따라 생산 및 소득 유발액은 각각 400억 원, 96억 원에 달할 것으로 전망된다.

군 관계자는 "평화생태특구와 세계평화의 종 공원, 백암산 전망대(예정), 파로호 관광지를 연계한 색다른 평화·생태 관광지를 만들고 있다"며 "어떤 대규모 관광지보다 지역 이미지 개선은 물론 경제적 파급효과가 클 것으로 기대하고 있다"고 말했다. 관건은 역시 군-군의 유기적 협조체계다. 화천 평화생태특구가 민통선 안에 조성될 계획이기 때문이다. 아무래도 군사기지 및 군사시설보호법이 부담스러울 수밖에 없다. 그러나 군 측은 안보상 문제만 없다면 적극 협조하겠다는 입장이다. 군 관계자는 "화천 발전에 이바지할 수 있는 방향으로 군과 더욱 긴밀한 협조체계를 구축할 방침"이라고 말했다.

칠성 전망대에 있는 한 소초. 위쪽으로는 적근산·백암산 자락이 펼쳐져 있고, 아래로는 금성천이 숨죽인 듯 흐른다. 고요함을 넘어 적막감이 느껴진다. 그러나 초병은 경계의 고삐를 늦추지 않는다. 금성천의 수심이 연중 도강할 수 있을 정도로 얕기 때문이다. 고요 속 긴장이라는 말이 꼭 맞아떨어진다.

"보름 후면 제대한다(2009년 7월 초 방문 당시)"는 한 초병은 "이곳에 서 있

전방의 먹구름 최근의 남북
관계는 살얼음판이다. 핵과
미사일, 수공 등으로 어수선
하다. 하지만 먹구름 사이로
비치는 햇살처럼 남북관계에
서광이 비칠 날을 기대한다.
ⓒ이상엽

으면 시간이 정지된 것 같다"고 했다. 하지만 그도 지금쯤 군복을 벗었을 게 다. 그렇다. 화천의 시계추는 멈춘 적 없다. 소리 없이 움직여서 정지한 듯 느껴질 뿐이다. 화천 경제도 마찬가지다. 언뜻 보면 성장이 멈춘 것 같지만 실제로는 그렇지 않다. 성장 잠재력은 어느 지역보다 크다. 관건은 역시 남북 평화다. 수달처럼 사람이 남북을 자유롭게 오갈 수 있는 바로 그날, 화천은 한반도 생태공원으로 부상할지 모른다.

# 산천어가 뛰노는 물의 나라

화천華川은 말 그대로 빛나는 냇물의 고장이다. 화천의 관광용 지도를 펼쳐놓고 보면 왜 화천 사람들이 그토록 물을 중요한 관광 상품으로 개발하고자 애쓰는지 단박에 알 수 있다. 산 높은 화천에서 물길은 종횡무진으로 시작되고 이어지며, 파로호를 비롯해 곳곳에 거대한 내륙 속의 바다를 이루어놓고 있다. 사람의 길들은 항상 물의 길 바로 곁에 나란히 이어지고, 물이 만나는 곳에서 사람의 길도 삼거리나 혹은 사거리를 이룬다. 사실 화천에서 산을 빼고 나면 물밖에 남는 것이 없다. 농토는 좁고 공장은 거의 없어서 적은 인구나마 편안하고 배부르게 먹고 살기는 애초부터 어려운 동네다.

하지만 화천에는 다른 곳에서는 찾아볼 수 없는 것들도 적지 않다. 골골을 울리며 쏟아져 내리는 계곡의 맑고 차가운 물들이며, 이 깨끗하고 청량한 물에서만 살 수 있다는 산천어나 수달 같은 것들이 대표적이다. 화천에서 물은 산천어와 수달을 키우고, 겨울이면 드넓은 빙판을 만들어 먼 데 사람들을 북

상징들 산천어 축제가 열리는 파로호 근처에는 대형 산천어
간판과 전쟁기념비가 함께 서 있다. 화천의 정체성이다. ⓒ
이상엽

국의 경이로움 속으로 불러 모은다. 이로써 화천의 물은 화천 사람들을 먹여살리고, 물처럼 지혜로워진 화천 사람들은 물과 더불어 사는 법을 배운다. 화천에서는 물을 피하기가 사람을 피하는 일보다 어렵다.

## 평화의 댐과 물난리

물은 물속의 생명과 물 밖의 생명을 먹이고 보호하는 생명의 원천이기도 하지만, 때때로 물은 그 길을 막아서는 모든 것들을 깡그리 바다로 밀어내 수장시키는 악마의 발톱이기도 하다. 노아의 방주를 통해 간신히 살아남은 아픈 기억이 DNA에 새겨진 인간과 모든 지구상의 동식물들에게 물은 두렵고 무서운 존재다. 그런데 88서울올림픽 개최를 한 해 앞두고 있던 1987년에 북한의 수공으로 인해 대한민국의 수도 서울이 몽땅 물바다가 될 수도 있다는 정부의 놀라운 발표가 있었다. 북한이 북한강 줄기를 막아 임남댐(금강산댐)을 건설하고 있는데 이 물을 일시에 터뜨리면 63빌딩도 잠기고 서울과 인천은 쑥대밭이 된다는 흉흉한 소문이 정부의 발표와 매스컴을 통해 방방곡곡에 울려 퍼졌다. 해마다 장마철이면 크고 작은 물난리를 몸으로 겪고 있던 순진한 백성들에게 북한의 수공 위협은 흉흉한 소문을 넘어 현실적인 위협으로 다가왔고, 각급 학교를 비롯해 동네마다 대응 댐 건설을 지원하기 위한 성금 모금 행렬이 이어졌다. 그렇게 해서 2년 만에 1단계 공사가 완성된 댐이 평화의 댐이다. 공사가 진행되는 동안 학생들은 저금통을 털어 성금을 내는 것은 물론 봄과 가을이면 수학여행지 가운데 한 곳으로 대형 공사판이 벌어지고 있는 이 댐을 찾곤 했다.

그 이후 잘 알려져 있다시피 평화의 댐은 애물단지로 전락했다. 군사정권이 정권안보 차원에서 허위 정보로 국민들을 기만하고 벌인 불필요한 대형

토목공사에 지나지 않았다는 평가가 사회 분위기를 압도하게 된 것이다. 이런 과정을 통해 평화의 댐이 국민들의 관심에서 점점 흐려지긴 했지만, 화천군의 입장에서 보자면 평화의 댐은 여전히 가장 중요한 화천의 관광 자원 가운데 하나였다. 분단과 대결이 아닌 평화를 지향하는 댐으로 명명된 것도 화천으로서는 다행스런 일이었을 것이다. 이를 발판으로 화천군은 평화의 댐 일대를 재정비하기 시작해 평화의 종을 만들어 걸고, 비목공원을 건설하고, 물문화관을 지었다.

이로써 평화의 댐이 화천 사람들의 바람대로 애물단지에서 보물단지로 탈바꿈을 시작한 것이다. 산과 산 사이를 막아선 거대한 콘크리트 댐이며, 육중한 평화의 종, 잘 가꾸어진 깨끗한 비목공원은 분명히 그것 자체로 볼 만한 명소로서 손색이 없다. 하지만 평화의 댐 가는 길에 만나게 되는 아흔아홉 굽이 산길과 물길의 풍광이야말로 화천의 진정한 자랑거리가 아닐 수 없다. 화천읍내에서 460번 지방도로를 타고 양구 및 평화의 댐 방향으로 길을 잡으면 세 개의 터널과 아흔아홉 굽이의 고갯길을 지나야 평화의 댐에 닿게 되는데, 첫 번째 터널인 해산터널을 지나자마자 나타나는 해산전망대는 반드시 차를 멈추고 둘러볼 만한 곳이다.


## 산천어, 쪽배, 그리고 토마토

물에도 격이 있어서 물이라고 다 같은 물은 아니다. 화천의 오염되지 않은 1급수는 산천어와 수달이 사는 물로도 유명하다. 그래서 화천에는 한국수달연구소가 있고 겨울이면 산천어축제가 열린다.

산천어는 우리나라 토종물고기로 물이 맑고 차가운 강의 상류에서 서식한다. 주로 동해로 흐르는 강에서 발견되는데 화천 일대의 북한강 지류에서도

260

255

250

245

240

235

230

**만수위** 평화의 댐 안쪽에는 물이 얼마나 차오르는지를 확인
할 수 있는 거대한 눈금이 있다. 한 눈금이 10미터다. 과연
이 물이 채워진 적이 있을까? ⓒ조우혜

많이 보인다. 산란기에만 바다에서 강으로 올라오는 송어가 변형된 민물고기로 추정되며, 그래서 송어와 학명이 같고 생김새도 비슷하다. 하지만 송어보다 몸집이 작고, 아름다운 무늬에 잘 빠진 유선형의 몸매를 갖춘 계곡의 여왕 같은 물고기다. 일본 사람들은 산천어를 '산 속의 여인'이라 부르고, 대만에서는 국가의 보물 물고기國寶魚로 지정하기도 했다. 북한 역시 국가지정 천연기념물로 보호하고 있는데, 김정일 국방위원장이 보양식으로 즐겨 먹는 물고기라는 설이 있다.

화천읍내를 감싸고 도는 화천천 얼음광장에서는 해마다 1월에 산천어축제가 열린다. 낚시와 맨손으로 산천어를 잡는 대회가 열리고 산천어 요리도 즐길 수 있다. 얼음 및 눈과 관련된 시설과 조각과 놀이를 한꺼번에 즐길 수 있다는 것도 이 축제의 매력이어서 해마다 수만 명이 찾는다. 나비축제나 머드축제와 더불어 전국적으로 알려진 대표적인 축제다.

화천읍내의 남쪽을 흐르는 북한강 지류의 붕어섬 일대에서는 여름마다 쪽배축제가 열린다. 각종 물놀이와 수상 레포츠로 더위를 식히기에 제격이다.

화천읍의 서쪽에 위치한 동네는 사내면 사창리라는 곳으로, 얼핏 들으면 상당히 외설스런 어감의 이름을 가진 동네다. 하지만 내력은 전혀 외설스럽지 않다. 조선시대에 임금이 전란 등으로 피신하게 될 경우를 대비해 세운 국립 비상 창고가 이곳 사탄史呑에 있었기 때문에 마을 이름이 사창史倉이 되었다고 한다. 사내는 아마도 이 창고의 안쪽 마을이라는 뜻이겠다. 들이 넓어서 창고가 있었던 것은 아니고 골이 깊어서 비상용 창고를 세웠던 곳인지라 주변에 계곡과 폭포가 발달해 있다. 인근 화악산의 토마토는 화천이 자랑하는 특산물 가운데 하나로 매년 여름에 토마토축제가 열린다. 인근에 곡운구곡과 용담계곡, 서정주 시비와 작가 이외수의 감성테마문학공원, 그리고 벌떡약수터가 있다.

화천에 간 김에 최전방부대 안에 설치된 칠성전망대에 가볼 수도 있다. 화천읍에서 서북쪽에 있는 상서면 산양리(속칭 사방거리)를 통해 들어가는데 매주 화, 목, 토요일에만 입장이 가능하다. 사전에 화천군청 민군협력팀(전화 033-440-2308)에 입장 가능 여부를 확인하는 것이 좋다.

# 양구·인제

을지전망대
제4땅굴
가칠봉
펀치볼
(해안분지)
전쟁기념관
453
서화면
해안면

방산면    두타연
453
31          대암산(용늪)    DMZ평화생명동산        46
동면                                    북면
460
양구읍
403                    31
박수근 미술관    양구
31          남면                  인제읍
46                                              44
46          46
44
기린면    418
남면
446    상남면

양구

인제

# 양구와 인제에서 맞이한 인간과의 재회

민통선 기행을 시작하면서 가졌던 기대 중 하나는 평소 가보고 싶었지만 여건이 허락되지 않아 미뤄온 곳을 방문할 수 있다는 점이었다. 봄부터 기다려 온 곳이 다름 아닌 양구군 해안면이다.

펀치볼Punch Bowl이라는 이름으로 더 많이 알려진 이곳은 전형적인 분지 지형이다. 정말 그곳은 화채그릇처럼 생긴 곳일까. 고개를 넘어가면 사면이 높은 산으로 둘러싸인, 마치 소설 속에서나 나오는 고향과도 같은, 하지만 한국전쟁 당시 가장 치열한 전투가 이뤄졌다던 그곳은 과연 어떨까 하는 궁금함을 내내 갖고 있었다.

양구로 가는 길로는 최근 개통한 경춘고속도로를 선택했다. 미사리에서 한강을 넘어 남양주군으로 갔다가 다시 북한강을 건너 양평군으로 가는 길에 펼쳐진 풍경은 인상적이었다. 여름 풍광은 이제 절정으로 치닫고 있었다. 더러 보이는 북한강의 푸른 물결을 따라 익숙한 강변 풍경들이 펼쳐 있었다.

앞의 사진 가칠봉에서 본 해안분지 일명 펀치볼이다. 금강산은 1만 2,000봉에서 7개가 모자라다고 한다. 다른 여섯 개 봉우리와 더불어 이 가칠봉이 더해짐으로서 1만 2,000봉이 완성된다. ⓒ조우혜

## 북한강에 대한 추억

가평휴게소에 들러 아침을 먹었다. 설악면과 강촌유원지 부근인 것 같았다. 양수리에서 새터와 대성리를 거쳐 청평과 강촌으로 이어지는 북한강 인근은 서울에 사는 누구에게나 한두 번 놀러 갔던 기억이 남아 있는 장소들이다. 나 역시 대학을 다닐 때 대성리로 엠티MT를 간 적이 있으며, 교수가 돼서는 학생들과 함께 청평으로 엠티를 가기도 했다.

청량리역 또는 성북역에서 경춘선을 타고 떠나는 엠티는 비록 1박에 불과한 일정이었지만, 언제나 예기찮은 많은 추억들을 남겼다. 대학생 시절 지금 모 신문사에서 일하는 친구와 한겨울에 찾아온 새터에서 20대 특유의 허무주의로 쓸쓸한 밤을 보냈던 기억이 선하고, 10여 년 전 지도교수로서 따라온 학부 엠티에서 새벽녘 서울로 돌아가는 길에 먹은 천마산 곰탕의 국물 맛은 아직도 기억이 새롭다.

기억해야 할 추억이 쌓아가야 할 추억보다 많다는 것을 자각할 때 마흔을 넘어 오십을 바라보는 것 같다. 나 역시 마찬가지다. 이제 어디를 가든 그곳에는 한두 가지 기억들이 남아 있고, 희미해져 가는 그 기억들을 되새겨보는 자신을 새삼 발견하곤 한다. 이 점에서 이번 민통선 기행이 내게는 과거와 현재를 잇는 여행일지도 모른다. 시간을 거듭할수록 여행은 내 자신에게 여러 성찰의 의미로 다가왔다.


## 양구에서 만난 박수근

양구읍내에서 첫 번째로 찾은 곳은 박수근 미술관이었다. 개인적으로는 박수근 미술관에 큰 기대를 갖고 있었다. 이번 민통선 기행을 양구와 인제로 간다기에 늘 그랬듯 가기 전날 밤 이 고장과 연관된 인물들을 생각해봤다. 양

중화기로 무장한 병사가 북쪽을 향해 경계를 서고 있다. 동부전선의 적막감 속에 긴장이 흐른다. ⓒ조우혜

구 태생의 화가 박수근과 인제 태생의 시인 박인환이 자연스럽게 떠올랐다.

두 사람 모두 1950년대를 대표하는 예술가들이다. 하지만 두 사람이 갖는 인상은 사뭇 다르다. 박수근이 서민적 취향을 보여준 화가라면, 박인환은 도시적 이미지가 두드러진 시인이다. 특히 박인환은 시인 김수영의 가까운 친구였으며, 김수영은 박인환의 모더니즘에 대한 흥미로운 글을 남기기도 했다.

양구읍내에 위치한 박수근 미술관은 선생의 예술을 기념하기 위해 2002년, 선생의 생가 터에 200여 평 규모로 세워진 것이다. 가는 날이 장날이라고 아쉽게도 휴관일이라 미술관 내부를 구경할 수는 없었다. 하지만 밖에서 둘러본 미술관은 건물 자체가 포스트모던한 느낌을 안겨주는 뛰어난 작품으로 보였다.

아쉬운 마음에 미술관 뒤편으로 가보니 선생의 동상이 있었다. 앉아서 앞을 바라보는 모습을 만든 것인데 우리 현대사를 대표하는 '서민 화가'답게 더없이 소박하면서도 고고한 기품이 느껴졌다. 고무신을 신고 옆에는 스케치북과 연필이 놓여 있는 모습이 더없이 인상적이었다.

박수근은 이중섭, 김환기, 이응로 등과 함께 우리 현대 회화를 대표하는 작가다. 그는 전문적인 수업을 받지 못하고 독학과 습작으로 자기 회화의 세계를 열어갔던 화가였다. 박완서의 「나목」을 보면 한국전쟁 직후 미군 피엑스PX에서 초상화를 그려주며 생계를 이어가는 그의 모습이 나온다.

한국인이라면 어디선가 한두 번 보았을 그의 작품은 이 땅 어디서나 만날 수 있는 서민들의 모습과 풍경을 담고 있다. 대학에서 모더니티를 더러 강의해온 필자가 보기에 박수근 회화가 추구한 세계는 바로 이 격렬한 모더니티에 의해 소외되고 밀려난 여성과 노인, 그리고 아이를 포함한 사회적 약자에 대한 더없이 따뜻한 시선이다.

지난 20세기 우리 사회에는 짧은 기간 동안 다양한 서구 미술 양식들이 범

람해왔지만, 박수근은 이런 양식들과는 거리를 두고 이 땅의 사람과 자연의 모습을 특유의 화강암 질감으로 간결하면서도 소박하게 표현했다. 그의 작품에 나오는 이름 없고 가난한 이들이야말로 우리 현대사의 진정한 주인공들이며, 박수근은 바로 이들의 선함과 진실함을 작품을 통해 형상화하고자 했다.

휴관일인 탓인지 한적한 미술관 안에는 매미 울음소리만 울려 퍼졌다. 버스를 타고 돌아가려는데 미술관 옆에 있는 집에서 한 노인이 나와 채마밭을 돌아보고 있었다. 그 모습은 바로 박수근 작품에 나오는 인물과 매우 유사했다. 그 순간 박수근이 담으려고 했던 풍경이 바로 이런 것이 아니었을까 하는 생각이 들었다.


## 가칠봉에서 바라본 펀치볼

오후에 우리는 드디어 해안면으로 향했다. 가칠봉에 먼저 오르기로 했다. 지프를 타고 1시간 가량 산길을 거침없이 올라 능선을 타고 갔다. 철책선을 바로 옆에 끼고 가는 길이 더없이 인상적이었다.

한쪽으로는 높은 봉우리들이 펼쳐져 있고 다른 쪽으로는 언뜻언뜻 비무장지대가 눈에 들어왔다. 트레킹 코스로 아주 좋은 곳이라고 하자 동행한 정훈장교가 얼마 전 군부대의 허락을 받아 초등학생들이 트레킹을 한 적도 있다고 했다.

전망대에 도착했을 때 먼저 눈에 들어온 것은 풍력 발전기와 태양광 집열판이었다. 이곳에 신재생 에너지 발전설비가 있다는 것을 이미 알고 있었지만, 중부전선 최전방인 여기 가칠봉에서 만난 발전설비는 매우 신선한 느낌을 안겨줬다. 게다가 바로 옆에는 물이 채워져 있지는 않았지만 수영을 할 수 있는 풀장까지 있었다.

가칠봉에서 만난 풍경들은 비무장지대가 문명과 한참 떨어져 있는 곳이라는 생각을 단숨에 뒤흔들어놨다. 곰곰이 돌아보면 비무장지대와 민통선에 대해 우리는 고정된 생각을 갖고 있을지도 모른다. 지난번 방문한 성재산관측소에서 느낀 것이지만, 비무장지대는 새로운 관측 기기를 포함한 첨단 과학의 현장이기도 하다. 자연의 원형이 보존돼 있는 동시에 첨단의 문명이 숨쉬고 있는 곳이 다름 아닌 비무장지대다.

가칠봉전망대에서 바라본 비무장지대의 풍경은 그 명성에 걸맞게 아름다웠다. 비무장지대는 어느새 태백산맥의 줄기에 들어와 있는 듯 깊은 계곡과 높은 산이 연이어 있었다. 짙은 녹음 속엔 깊은 정적만이 흐르고, 이따금 여름 벌레 소리만 들릴 뿐이었다.

가칠봉을 찾은 이유 중 하나는 비무장지대 풍경도 풍경이지만 이편 양구쪽에 펼쳐진 해안면 풍경을 보기 위해서였다. 시선을 남쪽으로 돌려보니 해안면 풍경이 눈에 가득 들어왔다. 대우산, 도솔산, 대암산 등 해발 1,000m가넘는 산들이 마치 병풍처럼 둘러쳐져 있는 저 아래 쪽으로 정말 화채그릇과도 같은 분지가 눈에 선명히 들어왔다.

해안면의 지리적 명칭은 해안분지다. 하지만 이곳은 앞서 말했듯 펀치볼로 더 많이 알려져 있다. 한국전쟁 당시 한 외국인 종군기자가 바로 여기 가칠봉에서 내려다 본 해안면의 모습이 마치 화채그릇과도 같다고 해서 이렇게 이름을 붙였다고 한다. 펀치볼은 남북 길이가 12.0km, 동서 길이가 6.6km이며, 그 면적은 여의도의 6배가 넘는 44.7km²에 달한다고 한다. 해발 고도도 제법 높아 400~500m 정도다.

펀치볼이 이렇게 특수한 지형을 이루게 된 데에는 두 가지 설이 있다. 하나가 운석과의 충돌설이라면, 다른 하나는 차별에 따른 침식설이다. 마치 스푼으로 아이스크림을 떠낸 듯 푹 파인 지형은 우주로부터 날아온 운석과의 충돌로 이뤄진 것처럼 보이지만 펀치볼 분지에서 운석의 흔적은 아직 발견되지 않았다고 한다. 분지 바닥이 주변 지역보다 더 무른 것으로 조사된 사실을 주목할 때 침식설이 오히려 타당한 것으로 보인다.

한국전쟁 중 여기 펀치볼은 폭격과 전투로 철저히 파괴됐다고 한다. 펀치볼을 새롭게 바꾼 이들은 전쟁 후 이주해 온 이들이다. 이들은 폭탄과 지뢰를 제거하고 논과 밭을 새롭게 일굼으로써 펀치볼을 평화로운 마을로 다시 태어나게 했다. 높은 지대에 위치한 분지 지형인 만큼 펀치볼에서 생산하는 채소와 과일은 맛과 향기가 뛰어나다고 한다.


## 펀치볼에서 만난 박인환

가칠봉에서 내려와 제4땅굴을 구경하고 해안면을 가로질러 오면서 이번에는 분지 아래에서 주위 풍경을 둘러 봤다. 험준한 산들에 둘러싸인 지상의 풍경은 마치 오영수의 단편소설 작품들에 나오는 아늑한 고향 모습과도 같았다.

하지만 모더니티를 되돌려놓은 듯한 한갓진 풍경 속에 만나게 되는 편의점, 노래방, 주유소 등은 바로 그 시간을 다시 모더니티로 돌아오게 하는 '비동시성의 동시성'을 느끼게 했다.

이웃 인제군이 낳은 박인환은 바로 이 '비동시성의 동시성'을 누구보다도 선명하게 보여준 시인이다. 박인환의 시에는 전쟁으로 인한 폐허와 현실을 벗어나고자 하는 열망이 공존한다. 돌아보면 해방과 정부 수립, 분단과 한국전쟁이란 견디기 어려운 사회변동 속에서 자아는 훼손되고 스스로를 소외시킬 수밖에 없는 존재였을 것이다.

은폐된 자주포 K–55 자주포
가 한 부대의 위장포를 쓰고
있다. 성능이 뛰어난 장비지
만 훈련장의 부족으로 충분한
훈련을 하지 못한다고 한다.
ⓒ조우혜

　"문학이 죽고 인생이 죽고 / 사랑의 진리마저 애증愛憎의 그림자를 버릴 때
/ 목마木馬를 탄 사랑의 사람은 보이지 않는다 / 세월은 가고 오는 것 / 한때는
고립을 피하여 시들어가고 / 이제 우리는 작별하여야 한다." (박인환,「목마와
숙녀」)

　이러한 박인환의 독백은 친구인 김수영도 지적하듯 분명 유치한 수사다.

하지만 한국전쟁이 남긴 상처와 폐허를 생각하면 공감할 수 있는 바가 없는 것도 아니다. 오히려 이런 애상적인 탄식이 당대의 풍경과 심사를 더 진술하고 인간적으로 드러내고 있을지도 모른다.

전쟁을 대입해 이 시를 다시 읽어 보면 거기에는 전쟁으로 인해 아무 것도 남아 있지 않은 폐허 속에서 인간의 모습을 찾고자 하는 치열하다 못해 허무적인 어떤 열망이 담겨 있는 듯도 하다.


## 격동의 한국 현대사

과거와 현재가 공존하는 펀치볼 풍광을 바라보니 새삼 우리 현대사를 돌아보게 됐다. 1945년 일제로부터의 해방은 우리에게 빼앗긴 주권의 회복이자 새로운 국민국가 건설의 출발점이었다. 하지만 우리를 기다린 것은 격동의 현대사였다. 미군정이 시작되고, 좌·우익의 갈등과 대립은 격화됐다.

냉전의 그늘이 짙어진 가운데 1948년 8월 15일 민주공화국인 대한민국이 선포됐다. 그리고 1950년 6월 25일 북한의 남침으로 한국전쟁이 발발하고 분단은 더욱 고착화됐다. 참으로 험난한 '나라 세우기'의 과정이었다. 주권을 회복하고 독립국가를 성취했으되 통일은 미완의 과제로 남겨진 셈이었다.

이런 나라 세우기에 부여된 두 개의 과제는 다름 아닌 산업화와 민주화였다. 세계시간 속에서 뒤처졌던 만큼 그것은 '추격산업화'와 '추격민주화'로 진행됐다. 추격산업화는 성장을 위해 모든 것을 거는 전략으로 나타났다. 성장은 가파르게 이뤄지고 경제적 삶은 빠르게 향상됐다. 하지만 추격산업화는 정치적 권위주의로 인해 자신의 정당성을 고갈시켰다.

추격민주화는 추격산업화 안에서 배태됐다. 추격민주화를 주도한 주체는 사회운동이었다. 분출하는 사회운동들은 민주제도를 요구하고 또 만들어냄으로써 서구민주주의를 말 그대로 단숨에 '추격'하고자 했다. 하지만 추격민주화에도 그늘이 없지 않았다. 정치민주화는 이뤄졌지만 '거리의 민주주의'가 '제도의 민주주의'로 쉽게 전화되지 못했다.

이 역동의 현대사가 오늘날 우리에게 주는 의미는 그동안 추구해온 산업화와 민주화가 결코 배타적인 가치가 아니라는 점이다. 경제성장 없이 민주주의를 확장하기도 어렵지만 민주주의를 배제한 경제성장 또한 이제는 불가능하다.

산업화와 민주화의 상생적, 시너지적 결합을 통해 새로운 국가와 사회를 세우고자 했던 나라 세우기의 진정한 의미를 완성하는 것, 바로 이것이 현재 우리 사회가 직면한 최대 과제일 것이라는 생각을 다시 한 번 떠올렸다.

펀치볼에서 양구읍내로 돌아오는 길에서 우리 현대사에 대한 이런저런 생각들이 꼬리에 꼬리를 물면서 이어졌다. 여기 펀치볼을 이렇게 아름답고 평화롭게 가꿔온 이들이야말로 바로 나라 세우기와 산업화, 그리고 민주화의 과제를 묵묵히 일궈온 주인공들이라는 생각을 하지 않을 수 없었다.


## 백두회관에서 만난 군인 가족

이번 기행은 다른 때와 달리 1박을 하기로 했다. 숙소는 양구읍내에서 가까운 21사단의 백두회관이었다. 준비된 저녁 식사를 하면서 동행한 이들과 모처럼 긴 이야기를 나눴다. 아침에 만나자마자 민통선 지역으로 달려와 이곳저곳을 둘러보는 탓에 그동안 제대로 이야기를 나누지 못해 아쉬웠는데 모처럼 맞이한 한가로운 시간은 더없이 즐거웠다.

한밤중에 잠시 홀로 나와 회관 주변을 산책했다. 서울에서 멀리 떨어진 낯선 곳에서 맞이한 밤은 기분을 적잖이 감상적으로 만들었다. 회관 뒤편 군인 아파트를 바라보니 거실에서 부부가 늦은 저녁을 먹고 있는 듯했다. 어떤 이야기들을 나누는지 모르겠지만, 두 사람은 무척 다정해 보였다.

지난 화천 기행에서도 말한 바 있지만, 이번 기행에서 새롭게 발견한 것 중의 하나는 군인의 일상생활이다. 생활세계를 중시하는 사회학을 전공하는 탓인지 자연스럽게 내 시야는 군인 가족의 일상에 초점이 맞춰졌다.

잦은 전출로 전국을 돌아다녀야 하는 군인 가족의 삶은 분명 한곳에 오래 머무르는 이들의 삶과는 다를 수밖에 없다. 한곳에 겨우 적응할 만한 시간이 되면 그곳을 다시 떠나야 하는 군인의 아내와 아이들을 생각할 때 이들을 위한 주거와 교육, 그리고 문화생활을 위한 정부의 더욱 적극적인 배려가 있어야 할 것이다.

백두회관 현관에 걸터앉으니 여름밤 벌레 소리와 바로 앞 개천의 물소리만이 들릴 뿐이었다. 하늘에는 구름이 끼었지만 드문드문 별들이 얼굴을 내밀고 있었다. 아주 오랜만에 여름 밤하늘의 대삼각형을 찾아봤다. 백조자리의 데네브가 눈에 들어오고, 거문고자리의 베가가 빛나고 있었다. 하지만 독수리자리의 알타이르는 아쉽게도 구름에 가려 있었다.

이튿날 오전에는 을지전망대를 찾았다. 을지전망대의 풍경은 가칠봉전망대에서 바라본 풍경과 큰 차이는 없었지만, 다시 지켜본 비무장지대와 펀치볼 풍경은 여전히 아름다웠다. 펀치볼로 내려오면서 길을 어제와는 달리 동쪽으로 틀었다. 지도를 보니 인제군 서화면으로 넘어가는 길이었다.

서화면은 인제군에서 비무장지대와 맞닿아 있는 곳이다. 펀치볼에서 발원한 개천들이 모여 서화면으로 흘러들어와 소양강 상류를 이룬다. 이 물줄기의 한 지류는 이곳 서화면과 고성군의 경계에 있는 향로봉에서 기원한다. 향로봉은 태백산맥에서 금강산과 설악산의 줄기를 잇는 산이다.

산이 깊은 탓인지 계곡 또한 깊다. 창밖으로 내다보이는 소양강 상류의 물

서화천 양구에서 인제로 넘어가는 중간에 있는 서화면의 들
과 계곡이다. 인제의 본래 중심지는 이 서화면 일대였지만
지금은 전방의 작은 마을로 남았다. ⓒ조우혜

줄기를 따라 원통까지 내려왔다. 원통 거리의 한 음식점에서 황태구이로 점심 식사를 했다. 동행한 누군가가 이번 민통선 기행 가운데 가장 맛있는 집이라고 했다. 고추장을 발라 구운 황태도 황태이려니와 정갈하게 말린 산나물의 풍미가 그윽했다.

## 인간과의 재회, 사랑과의 재회

인제군청을 들른 다음 서울로 오는 버스에 몸을 실었다. 젊은 시절부터 설악산에 갈 때 타곤 했던 44번 국도였다. 소양호가 보이기 시작하고 38선 휴게소가 눈에 들어왔다. 다소 피곤한 탓인지 절로 눈이 감겼다. 하지만 잠은 오지 않고 지금 창밖에 펼쳐질 풍경들이 상상됐다.

아마도 지금은 철정사거리를 지나 홍천강을 따라 홍천읍내로 향할 것이라는 생각이 들었다. 이제 버스는 홍천읍내 외곽도로를 통해 중앙고속도로를 타고 가다 지금쯤은 경춘고속도로로 들어섰을 것이라는 생각이 이어졌다.

눈을 뜨고 있어도, 눈을 감고 있어도 펼쳐지는 이 산하는 내게 무엇을 의미하는가. 그 어느 곳을 가더라도 더없이 아름다운 이 산하가 주는 의미는, 이 산하에 담긴 역사가 주는 의미는, 이 역사를 이끌어오고 이끌어가는 사람들이 주는 의미는 과연 무엇인가를 생각하지 않을 수 없었다. 새삼 박인환의 친구 김수영의 시가 떠올랐다.

"역사는 아무리 / 더러운 역사라도 좋다 / 진창은 아무리 더러운 진창이라도 좋다 / 나에게 놋주발보다도 더 쨍쨍 울리는 추억이 / 있는 한 인간은 영원하고 사랑도 그렇다." (김수영, 「거대한 뿌리」)

그렇다. 내가 지난 이틀 동안 경험한 것은 이 땅에 펼쳐진 산하와의, 이 산하에 깃든 역사와의, 이 역사를 살아가는 인간과의 재회였다. 양구와 인제에서 나를 맞이한 것은 박수근의 그림에서, 박인환의 시에서 만날 수 있는, 때로는 서민적이고 때로는 도시적인, 바로 가장 한국적인 인간과의 재회, 그들에 대한 사랑과의 재회였다.

잠시 휴식을 취하기 위해 가평휴게소에 들렀다. 커피를 마시면서 곧게 뻗은 서울로 향한 경춘고속도로를 바라보았다. 이틀의 여행이 예기찮게 안겨준 인간과의 재회, 사랑과의 재회를 가슴에 안고 나는 이제 다시 서울로, 동시대인들에게 돌아가는 길 위에 서 있었다.

(2009. 8. 25)

# 오목별, 가칠봉 그리고 녹색 양구

서울─춘천고속도로를 타고 양구로 향했다. 오늘은 웬일인지 비무장지대를 기행할 때마다 내렸던 비는 오지 않고 대신 가는 길 내내 안개가 자욱했다. 서울─춘천고속도로 상의 유일한 휴게소인 가평휴게소에서 아침식사로 우거지해장국을 먹었다. 개통된 지 얼마 안 된 고속도로의 휴게소이지만 사람들이 적지 않았다. 이 신설 휴게소 주차장의 한가운데에는 임시건물의 상점과 트럭을 개조한 상점들이 자리 잡고 있었다. 전국의 모든 고속도로 휴게소의 주차장에서 보아왔던 익숙한 풍경이다. 임시건물의 상점에서는 각종 생활용품을 판매하고 있었고, 트럭을 개조한 상점에서는 가요를 크게 틀어놓고 음악 CD를 판매하고 있었다. 휴게소에서 세금을 내고 상가를 운영하는 사람과 주차장의 임시건물에서 세금을 내지 않고 물건을 판매하는 사람이 버젓이 공존하는 한국경제의 한 모습이다.

## 포성이 멈춘 사연

아침밥을 먹고 두 시간여를 달려 양구에 있는 2사단의 포병대대를 방문했다. 부대 관계자의 설명에 의하면 최근 현대아산의 금강산관광이 중단되자 많은 관광객들이 안보관광으로 이 포병부대를 방문한다고 했다. 관광코스의 내용에는 을지전망대 관람, 부대 마술병의 마술쇼 관람, 병영 생활관 체험 및 군대식 식사하기 등이 포함되어 있단다.

포병부대에서 보여준 K-55라는 이름의 155M 자주포는 위용이 대단해 보였다. 총 중량이 25톤가량인 K-55는 최대 시속은 56km이고 한 번 주유로 서울에서 대구까지 갈 수 있다. 내부로 들어가보니 M27잠망경, M18신관렌치, M13장약통, 야전식량 등이 장착되어 있었다. 소음이 심하므로 청력보호구를 사용하라는 경고문구가 눈에 들어왔다. 실제로 포를 발사할 때 내는 소음 때문에 포병훈련장 근처의 닭이 죽거나 소가 유산을 하는 경우가 있다고 한다. 그래서 포병훈련장 부근의 축사에서는 평소에 음악을 아주 크게 틀어놓아 동물들이 소음에 익숙해지도록 만든다고 한다.

포를 발사할 때의 소음도 문제지만 포병훈련장이 부족하다는 점은 더욱 문제였다. K-55의 최대사정거리는 24km에 달하지만, 국내에는 24km 포격을 연습할 수 있는 포병훈련장이 없단다. 군에서는 한때 몽골에 포병연습장을 만들거나, 아예 인공 섬을 만들어 포병훈련장으로 사용하자는 논의까지 한 적이 있다고 한다. 향후 국토가 개발되면 될수록, 소득 수준이 높아지고 국민들의 재산권에 대한 인식이 강해질수록 군대의 훈련용 부지를 찾는 일은 점점 어려워질 것이다.

그런데 이번 비무장지대 기행에서 처음으로 알게 된 사실은 북한군의 장거리포가 서울을 직접 타격할 수 있으며, 이에 대한 응전으로 국군은 전투기와 포를 사용해 대응할 계획을 세우고 있다는 것이다. 북한군이 장거리포를 발사하려는 시도가 포착되면 즉시 우리 전투기가 먼저 출격해 북한 포대를 무력화한다. 만약 북한군의 장거리포가 발사되면 발사 지점을 컴퓨터로 추적해 위치를 파악한 후 우리 포병이 대응사격을 실시한다. 절대 있어서는 안 될 일이지만 만약의 경우가 발생하는 순간 우리 국민들의 목숨을 지켜주는 소중한 포들이다. 그러나 평상시에 최대 사정거리까지 발사해본 경험이 별로 없는 포와 포병들이 우리의 목숨을 지켜주기는 쉽지 않으리라는 우려가 든다. 장기적인 관점에서 군부대 훈련장을 마련하는 체계적인 대책이 필요하다.

사단 신병부대의 생활관은 이미 침대형으로 바뀌었지만, 우리가 방문한 포병부대의 생활관은 아직 구형이었다. 군대의 내무반 하면 누구에게나 떠오르는 노란 장판이 어김없이 생활관 바닥에 깔려 있다. 노란 장판 뒤쪽으로 병사들의 관물대가 자리 잡고 있고 각자의 군대생활 목표를 적어놓고 있었다. 토익 830점, 체력 키우기, 지방 0%로 전역하기, 한자급수 3급 획득 등의 목표가 적혀 있었다. 강화도의 해병대 생활관에서 보았던 목표들과 별반 다를 것이 없었다. 강화도에서 망망대해 서해를 바라보며 경계를 서는 해병대 병사나 양구에서 포병으로 근무하는 육군 포병 병사나 모두 제대 후 취업을 위한 영어점수와 자격증이 목표였다. 그러나 특이한 목표도 있었는데, 어떤 병사의 목표는 '키 크기'였다. 요즘 군대는 정말로 좋아져서 키도 크게 해주나 보다.


양구의 혼합과 조화

다음 방문지를 위해 이동하는 동안 양구의 모습이 서서히 눈에 들어온다. 양구는 우리가 이제까지 보아왔던 민통선지역의 고장과는 사뭇 다른 모습이었다. 민간인 마을과 군부대가 격리되어 있는 다른 고장과는 달리 동네 곳곳에 군부대가 자리 잡고 있고, 얼마 떨어지지 않은 곳에 일반인들이 사는 주택

들이 자리 잡고 있었다. 양구 내에서 군인과 민간인은 서로 분리된 것이 아니라 서로 힘께 혼합되어 살아가는 이웃이었다. 힌쪽에는 대포가 있고 그 옆을 거대한 장갑차가 지나가지만, 바로 옆에는 농부 아저씨가 마치 아무 일 없다는 듯이 논일을 재촉하고 있다.

박수근 미술관을 방문했으나 안타깝게도 마침 휴관일이어서 외부에서 건물 모습만 볼 수 있었다. 여기까지 왔는데 아쉽다 싶어 눈앞에 보이는 미술관 건물과 굳게 닫혀 보이지 않지만 미술관 내부에 있을 박수근 화백의 그림을 상상 속에 겹쳐본다. 매우 현대적인 미술관의 외피와 다소 투박한 박수근 화백의 그림이 희한한 조화를 이루고 있다.

양구의 혼합과 조화는 여기서 그치지 않는다. 점심으로 먹은 비빔냉면도 맛이 특이했다. 질긴 함경도 냉면도 아니고 심심한 평양냉면도 아니다. 양쪽 지방 냉면의 맛과 멋이 있으면서, 거기에 강원도 막국수의 맛이 절묘하게 가미되어 있다. 양구 사람들의 생활모습도, 박수근 미술관의 감동도, 그리고 냉면의 맛에서도 양구는 어울리지 않은 것들을 어울리게 하는 묘한 마력을 가진 도시라는 느낌을 받았다.

오후에 방문한 양구군청에는 '양구에 오시면 10년이 젊어집니다, 내가 살고 있는 양구로 주소지를 옮겨 옵시다'라는 현수막이 방문객을 맞이하고 있었다. 양구군의 인구는 2008년 말 현재 2만 1,513명으로 전국 기초 지자체 중에서 네 번째로 인구가 적다. 그러나 양구군에는 인구수와 비슷한 정도의 군인들이 거주하고 있다. 양구군에서는 인구 늘리기의 일환으로 하사관이나 군인 간부들이 전역 후 양구에서 거주하게 하는 사업을 추진하고 있다. 양구군의 조사결과에 의하면 양구에서 근무하는 군인들의 80%가 전역 후 양구 거주를 희망했다고 한다. 군청에서는 이러한 사실에 착안해 전역 군인들에게 직업 알선, 융자금 알선 등의 사업을 벌이고 있다.

앞의 사진 전차 방해물 육중한 구조물이 긴장감을 준다. 이 구조물은 과연 우리 역사에서 어떤 추억으로 남을까? 통일 후에도 치우지 말고 남겨지길 바란다. ⓒ조우혜

박수근 미술관 문화도시로서의 양구를 눈으로 확인할 수 있는 곳이 박수근 미술관이다. 미술관 뒤편에 소박하면서도 친근한 이미지의 박수근 상이 있다. ⓒ조우혜

우리가 최근 차례로 방문한 철원, 화천, 양구는 모두 각자의 고유한 특성들이 있기도 하지만, 필자가 보기에는 공통점이 훨씬 더 많다. 대부분의 지역이 6.25전쟁 때 역사에 기록될 정도로 처절한 전투가 벌어졌던 지역이다. 이 전투의 결과로 세 지역은 모두 6.25전쟁 이후에 실질적인 우리 국토로 편입되었다. 이 지역은 종전 후 60여 년간 민간인보다는 군인들이 무대의 주인공이었다. 대부분의 지역들이 군사보호지역으로 지정되어 있었고, 많은 부분이 민통선지역으로 오랜 시간 문명과 격리되어 있었다. 일부 군대 사용 시설을

제외하고는 자연환경이 잘 보존되어 있으며, 이에 따라 세 지역이 모두 자연환경을 최대의 장점으로 내세우고 있다. 세 지역 모두 인구수와 재정자립도 면에서 전국 최하위 수준이다. 세 지역의 인구를 모두 합쳐도 9만 명을 조금 넘는다. 내가 근무하는 학교는 서울의 성북구에 위치해 있는데, 성북구의 인구는 47만 명이 넘고, 성북구의 동 중에서 삼선동, 종암동, 석관동의 3개 동을 합치면 인구수가 10만 명이 넘는다. 삼선동 인구는 2만 7,000명인데, 이는 양구군이나 화천군 전체보다 많은 숫자이다.

정부차원에서 진행되는 전체적인 행정구역 논의와는 별개로 요즘 개별 지자체별 행정구역 통합 논의가 많이 전개되고 있다. 경기도의 하남과 성남이 통합 논의를 하고 있고, 충북의 청주와 청원이 통합 논의를 하고 있다. 인접 도시와 통합해 덩치를 키우고 시너지 효과를 내기 위해서이다. 나는 철원, 화천, 양구의 세 개 행정구역을 통합해 이 지역을 대한민국 최고의 생명·생태 벨트로 만들면 어떨까 하는 생각을 해본다. 이 지역은 각 지자체가 주장하듯이 천혜의 생태 보고이고 한국에 존재하는 어쩌면 마지막 청정지역이다. 이러한 보고를 잘 보존하고 후손에게 물려주기 위해서는 지금처럼 각 지자체가 개별적으로 약진하는 방법으로는 모두가 패자가 될 가능성만 농후해 보인다.


## 가칠봉과 오목벌

군청일정을 마친 우리는 다음 장소인 가칠봉관측소로 출발했다. 지프를 타고 절벽 같은 비포장도로를 한동안 달려서 1,242m의 가칠봉 꼭대기에 도착했다. 가칠봉관측소는 동부전선 중 가장 높은 곳에 위치하고 있으며, 또한 북한군과 가장 근접한 거리에 위치하고 있다. 설명을 담당한 장교는 가칠봉에서 12시 방향으로 김일성고지, 1시 방향으로 모택동고지, 3시 방향으로 스탈린고지가 있다고 설명한다. 고지 이름들이 특이해 다시 물어보니 고지 이름은 모두 국군이 명명했다고 한다(그러나 나중에 안 사실이지만 이와 같은 고지 이름은 가칠봉 근처에만 있는 것이 아니라 전방 곳곳에 있었다). 가칠봉 관측소에서 북쪽을 바라보면 병풍처럼 늘어선 절경에 환성을 자아내게 되지만, 이내 그 환성은 비무장지대와 분단된 조국이 주는 적막감과 무게감으로 인해 탄성이 되고 만다.

가칠봉관측소의 남쪽을 보면 그 유명한 펀치볼이 그림처럼 펼쳐져 있다. 가운데는 넓은 평야가 동그랗게 자리를 잡고 있고, 주위에는 마치 어린 동생을 보호하는 누나들의 손길처럼 높고 큰 산들이 동그랗게 평야를 안아주고 있다. 분지인 펀치볼을 직접 보러 찾아오기 어려운 사람들은 구글에서 제공하는 위성영상지도서비스인 구글어스에서 양구의 가칠봉 지역으로 검색하면 모습을 생생하게 볼 수 있다. 사실 구글어스에서 비무장지대 지역은 대부분 희미하게 나온다. 나도 그 이유는 알지 못한다. 그런데 펀치볼만큼은 구글어스에서 선명하게 볼 수 있다. 마치 하나님이 한반도를 만들고 나서 흡족해 자신이 만들었다는 것을 증명하려고 국토의 정중앙에 동그랗고 커다란 도장을 콱 찍어놓은 것처럼 느껴진다.

전쟁과 관련해 펀치볼이 간직한 아픈 사연은 끝이 없지만 아직도 한 외국인 종군기자가 처음으로 썼다는 이 명칭을 사용하는 것에는 화가 난다. 펀치볼의 원래 발음은 '펀치 보울'이지 '펀치볼'이 아니다. 펀치볼이라고 하면 마치 권투선수가 연습하는 도구를 가리키는 것처럼 들린다. 펀치 보울은 미군이 사용하는 화채그릇을 뜻한다는데, 미국에서 몇 년을 공부했던 나도 미군의 화채그릇을 본 적이 없다. 그래서 펀치 보울의 우리 이름을 붙여주기로 했다. 펀치 보울은 산으로 둘러싸인 오목한 평야지대이다. 그렇다면 오목한 지형의 벌판이라는 의미에서 '오목벌'이라고 부르면 어떨까? 펀치 보울이 전

가칠봉 가는 길 가칠봉 OP는 동부전선 중 가장 높은 곳에
위치한다. 풍력발전기와 태양열 발전기, 그리고 수영장도 있
는 특별한 곳이다. ⓒ조우혜

쟁의 상흔을 간직한 별명이라면 '오목벌'이 향후 펀치 보울의 본명이 되기를 기대해본다.

## 녹색 군대와 녹색성장

가칠봉에는 군이 녹색성장의 상징으로 삼고 있는 풍력발전기와 태양광집열판이 있다. 이 상징성을 반영하듯 이미 국방부 장차관, 참모총장, 군사령관, 군단장 등의 군 관계자와 지식경제부 장관, 환경부 차관 등의 정부 인사들이 이곳을 다녀갔다. 사실 가칠봉 풍력발전기에서 나오는 전기량이 대단한 것은 아니다. 가칠봉관측소의 전력 사용량 가운데 70% 정도를 생산하는 게 고작이다. 가칠봉 풍력발전기에는 낙뢰사고가 발생하기도 했다. 높은 산의 정상에 뾰족한 조형물이 있으니 낙뢰가 좋아할 만도 하다. 그러나 가칠봉 풍력발전기는 비록 미약한 시작이더라도 군이 녹색성장에 관심을 가지는 녹색 군대로 거듭나려는 노력을 상징한다는 점에서 적지 않은 의미가 있다. 육군은 가칠봉관측소 등 2개소에서 가동 중인 태양광과 풍력 발전 설비를 2013년까지 전국 80여 개 부대로 확대할 계획이다.

보도에 의하면 육군 55사단의 한 기동중대에서는 저탄소 녹색 야전부대 운영을 위해 2009년 7월 초부터 '탄소 마일리지' 제도를 시범 운영 중이라고 한다. 일상생활 속에서 탄소 배출량을 줄일 수 있는 32개 실천 항목을 정해놓고 실천 정도에 따라 점수를 받거나 감점을 받는다. 32개 항목에는 생활관에서 외출할 때 전기기구 끄기, 쓰레기 배출량 줄이기, 매점 이용 시 장바구니 사용하기 등이 포함되어 있는데, 점수를 많이 받으면 노래방이용권, 외박 등의 포상을 받는다고 한다. 육군은 이와 같은 마일리지 제도를 전 군에 확대할 예정이라고 한다.

사실 요즘의 국방부는 홀로 자기만의 영역을 추구하던 과거의 국방부와 사뭇 다른 면들을 보이고 있다. 국방부에서는 금년 초부터 국방부의 또 다른 임무로 '경제를 살려라'를 선정하기도 했다. 이를 위해 국방 관련 예산의 조기 집행, 미분양 아파트의 군용 관사 매입 등의 정책을 실시했다. 2009년 7월에는 정부의 저탄소 녹색성장 정책에 부응해 국방 녹색성장을 추진하고 있다. 이는 지구온난화 방지라는 일반적인 목적 외에도 새로운 환경 규제에서 군이 선도적인 적용 대상이라는 점, 방산 장비와 물자에 저탄소 녹색 개념의 추가 가능성 등 군의 특수 요인을 고려한 결과이기도 하다. 국방부에서는 국방 녹색성장의 3대 목표로 '국방 자원의 고효율화', '녹색 국방 기술의 성장 동력화', '전 장병의 녹색 시민화'를 선정했다. 또한 10대 정책과제로 저탄소·에너지 절감형 국방 운영, 녹색 작전·훈련체계 구축, 녹색 국방기술 개발, DMZ 녹색성장 관리 등을 제시했다.

한국 경제와 한국군이 지향하는 비전으로 녹색성장과 녹색 군대는 더할 나위 없이 좋은 개념이다. 그러나 그 당위성에도 불구하고 치열한 경쟁이 벌어지고 있는 국내외 상황을 고려할 때 현재 한국 사회는 녹색의 반쪽만을 보고 있는 듯하다. 에너지 절약 차원에서 녹색성장을 이야기할 수 있으나, 현재 우리에게 에너지 절약보다 더욱 중요한 일은 에너지 자원의 안정적인 확보다. 전 세계 국가들이 모두 저탄소 사회를 외치고 있지만, 실제로 대부분의 국가들이 더욱 주력하는 것은 에너지 자원 확보 전쟁에서의 승리다. 각국이 탄소 배출량을 줄이려고 하지만, 실제로 향후 탄소저감 기술에 뒤처지는 국가는 제품 수출에 치명적인 타격을 입을 수 있다. 에너지 연비가 떨어지는 자동차에 대한 선진국의 수입 규제는 곧 일반화될 것이고, 유럽에서는 머지않아 탄소 배출량이 많은 비행기는 유럽 영공을 통과하지 못하게 될 것으로 예상되고 있다. 현재 한국의 탄소 저감 기술은 선진국에 비하면 걸음마 단계에 불과하다. 탄소 저감 기술에 대한 대폭적인 투자가 필요하지만 정부의 재정 여력은 점차 축소되고 있고, 민간은 불확실성 때문에 투자를 주저하고 있는 형국이다. 국가적인 차원에서 탄소 배출량을 규제하기 시작하면 이는 제품원가의 상승 요인으로 작용해 제품 가격 상승, 한국 상품의 국제 경쟁력 약화로 연결될 것이다.

모든 경제학적 원리가 그러하듯이 녹색성장과 녹색 군대는 공짜 점심이 아니다. 우리가 가진 제한된 자원을 녹색에 투자할 때 이는 다른 분야에 대한 투자 감소를 의미한다. 또한 녹색에 대한 투자는 다른 투자에 비해 수익이 날 때까지 오랜 시간이 소요되고, 수익에 대한 불확실성도 큰 투자이다. 녹색의 반쪽은 새로운 기회지만, 다른 반쪽은 커다란 위협이다. 녹색 거품이 발생하지 않도록 효율적으로 투자를 집행하고, 장기적인 관점에서 지속적으로 투자가 이루어져야 한다. 녹색이란 말은 파란색과 노란색의 중간색을 의미하지만, 철에서 부식한 녹의 색깔을 의미하기도 한다. 어느 녹색으로 갈지는 우리가 하기에 달려 있다.


## 제4땅굴과 을지전망대

가칠봉관측소를 내려와 제4땅굴을 방문했다. 지금까지 발견된 땅굴 중에서 가장 최근인 1990년에 발견된 땅굴이다. 제4땅굴의 내부로 들어가서 조그만 열차 모양의 객차를 타고 북쪽으로 300m 정도 올라갈 수 있었다. 실제로 객차가 들어간 지역의 지표면은 비무장지대이다. 땅 위에서는 갈 수 없는 지역을 땅 밑에서는 갈 수 있는 셈이다. 땅굴 내부의 벽면에서는 물방울이 쉬지 않고 떨어지고 있고, 한여름임에도 불구하고 내부 온도는 15도를 가리키고 있었다. 기차가 시작하는 지점에는 KT, SKT 등 이동통신사들의 중계기가 경

쟁하듯 설치되어 있었다. 기차를 타고 북쪽으로 조금 올라가면 땅굴 벽면에서 '오직 혁명을 위하여'라는 글귀를 발견할 수 있다. 제4땅굴은 대한민국 국민이면 누구나 한번쯤은 방문할 만한 가치가 있는 곳이다.

백두회관에서 하루를 자고, 다음날에는 펀치 보울, 아니 오목벌을 가로질러 을지전망대를 방문했다. 을지전망대의 설명 장교는 앳된 모습의 김 중위였다. 전방을 방문하면서 계속 느끼는 일이지만 요즘 군인들은 대부분 앳된 모습에 안경을 끼고 있는 경우가 많다. 내가 나이를 먹었기 때문인지 늠름한 군인이라기보다는 귀여운 아들처럼 느껴지는 군인들이 많다. 을지전망대에서도 다른 전망대와 같이 대형 PDP TV를 이용해 전방의 지형과 북한군의 실상을 보여준다. 김 중위는 어젯밤 꿈에 이 대형 TV를 떨어뜨리는 꿈을 꾸었

병사가 있는 풍경 장비를 점
검하는 병사들의 모습이 한
그루 나무로 인해 한가롭게
보인다. 최전방 동부전선을
지키는 그들은 청춘을 투자했
다. ⓒ조우혜

다고 한다. 너무나 놀라 아침 일찍 전망대에 뛰어와보니, TV가 무사해 안도
했다는 이야기를 전해준다. 참 귀엽다.

　을지전망대 부근 지역은 군사분계선으로부터 남방한계선과 북방한계선까
지의 거리가 1km정도에 불과하다. 을지전망대 자리도 과거에는 비무장지대
안에 있는 GP였으나, 북한군이 철책을 남쪽으로 추진하자 우리도 북쪽으로
철책을 추진하면서 지금과 같이 비무장지대가 좁아졌다. 실제로 양측의 거리
가 870m에 불과한 지점도 있단다. 을지전망대에서 보이는 북쪽의 한 고지에
는 84m에 이르는 철탑이 서 있다. 과거에는 북으로 오라는 북한군의 선전방

송이 요란하게 울려 퍼지던 곳이었지만, 지금은 주로 남쪽에서 북쪽으로 올라가는 전파를 차단하는 용도로 쓰인다고 한다. 땅에서는 철책이 사람의 통행을 가로막고 있고, 하늘에서는 철탑이 전파의 통행을 가로막고 있다. 다만 북한 여군이 가끔씩 수영을 한다는 선녀폭포로부터 내려온 물은 성내천을 따라 휴전선을 자유롭게 왕래하고 있었다.

원통에서 먹은 이날의 점심은 비무장지대 기행 중에서 가장 밥다운 밥을 먹을 수 있었다. 송희식당의 황태정식은 황태구이와 황태국, 그리고 열두 가지의 산나물로 구성되어 있다. 우윳빛을 내는 황태국도 인상적이었지만, 각양각색의 산나물은 모두 별미였다. 갑자기 을지전망대에서 TV로 보았던 북한군의 모습이 떠오른다. 식량난 해결을 위해 영농작업을 하고 있는 모습이다. 불과 몇 km 떨어진 지역의 한쪽에서는 열두 가지의 반찬과 국과 황태구이를 즐기고 있고, 다른 한쪽에서는 먹을 것이 모자라 군인들이 영농작업을 하고 있다. 2009년 여름의 양구 지역 모습이다.

# 한반도 배꼽에서 '녹색바람' 분다

강원도 양구 가칠봉으로 올라가는 가파른 도로. 비포장에 외길이다. 옆 사람 얼굴을 쉬이 보기 어려울 정도로 차량이 흔들린다. 하지만 눈앞에 펼쳐진 풍경은 흔들리는 동공을 홀리기에 충분하다. 흙먼지를 뒤집어쓴 차량의 창문 너머로 넘실거리는 녹색바다는 '향연'을 방불케 한다. 가칠봉 동쪽 아래쪽에 소양강의 침식으로 만들어진 해안분지, 이름 하여 '펀치볼'은 그야말로 비경이다. 펀치볼은 운석이 떨어진 듯 바닥이 움푹 파인 U자형 분지로, 해발 400m 분지를 가칠봉(1,242m)·대우산(1,179m)·도솔산(1,148m)·달산령(1,304m) 등이 감싸고 있다. 꼭 '물 빠진 거대 백록담'을 연상케 한다.

가칠봉은 금강산의 마지막 봉우리다. 이 봉우리가 들어가야 흔히 말하는 '금강산 1만 2,000봉'이 완성된다. 가칠봉에 '더할 가(加)'가 쓰인 까닭이다. 그리고 그만큼 절경이다. 그러나 아름다움만 있는 것은 아니다. 이곳은 한국전쟁 당시 최고의 격전지였다. 자고 나면 주인이 바뀌고, 수많은 인명이 희생됐

김매는 아낙들 해안면의 언덕진 들판에서 아낙들이 김을 매고 있다. 사진 중앙에서 약간 우측으로 멀리 보이는 산꼭대기가 가칠봉이다. ⓒ조우혜

다. 가칠봉 북녘이 김일성고지·스탈린고지 등 어울리지 않는 이름으로 불리는 이유다. 도솔산·가칠봉 지구 전적비 등 한국전쟁을 기리는 비석도 곳곳에 버티고 있다. 비경이 '피의 능선'으로 바뀐 곳, 천혜의 풍경이 통한의 역사를 곱씹게 하는 곳……. 강원도 양구다.

동경 128도 02분·북위 38도 03분. 양구는 한반도의 정중앙, 배꼽이다. 한국전쟁 이전 양구는 제법 현대화된 도시였다. 한반도의 정중앙답게 사람도 꽤 많이 살았다. 일제 치하 때 펀치볼 일대에 둥지를 튼 가구는 대략 900여

호. 지금보다 2배가량 많은 수다. 하지만 한국전쟁은 모든 것을 앗아갔다.

휴전선은 양구의 생명줄을 단숨에 끊었고, 통한의 상처를 남겼다. 태아가 세상에 나온 뒤 기능을 상실하는 배꼽을 쏙 빼닮았다. 배꼽이 절단된 탯줄의 상처라면 양구는 분단된 민족의 한을 품고 있다.

양구의 살림살이도 넉넉지 않다. 군 재정규모는 올해 현재 1,971억 원으로, 강원도 18개 시·군 가운데 16위다. 재정자립도는 18%에 불과하다. 군의 1인당 총생산 역시 2,000만원을 채 넘지 못한다.

## 군-군의 단단한 협력체계, 양구의 자랑거리

그렇다고 한과 상처를 되씹으며 한탄만 늘어놓을 순 없는 노릇. 양구는 새로운 도약을 꾀한다. 관건은 양구의 잠재적 가치, 다시 말해 천혜의 자연을 어떻게 활용하느냐다. 생태환경을 활용한 녹색성장이 양구 부활의 열쇠라는 얘기다. 군 관계자는 "양구의 청정 이미지는 고품질 자원이 될 수 있을 것"이라고 말했다.

가능성은 충분해 보인다. 자연환경을 그대로 살린 양구의 각종 관광프로그램은 각광받고 있다. 최근 한국관광공사 여름휴가 추천 상품 베스트 12에 꼽힌 배꼽마을 생태체험관광 프로그램은 대표적 사례. 이 프로그램은 양구 을지전망대-곰취찐빵 만들기-박수근 미술관과 속초 명소를 잇는 1박2일 코스로 자연생태탐방을 즐길 수 있다. 희귀동식물을 활용한 녹색관광상품도 양구의 볼거리 중 하나다.

양구엔 개느삼·개불알꽃·갯까치수영·금강초롱·금낭화·백작약 등 10여 종이 넘는 희귀식물이 있다. 금강초롱은 군의 마스코트다. 1960년대 이후 멸종된 것으로 알려진 토종여우와 사향노루도 이곳에 산다. 양구군은 이를 직접 체험하고 관찰할 수 있는 대형 식물원과 박제전시관을 운영 중이다.

이뿐만 아니라 30만m² 규모의 부지에 200억 원을 들여 사파리 파크도 조성하고 있다. 희귀동물 전시관·사파리존·야생동물캐릭터관이 들어선다. 안보관광사업 또한 녹색생태관광을 기초로 한다. 펀치볼 지구엔 총 사업비 50억 원을 투입해 DMZ 체험탐방로를 조성한다. 이곳을 전국 제일의 트레킹 및 MTB 관광코스로 만들겠다는 게 군의 목표다.

이 탐방로는 지난해 개장한 펀치볼통일농업시험장과 연계될 수 있을 것으로 보인다. 펀치볼통일농업시험장은 남북통일에 대비해 북한지역에 적응할 수 있는 품종시험 및 지원종자를 생산한다. 통일농업의 전초기지 역할을 담당하는 것이다. 민통선 안에 있는 두타연 지구도 관광단지로 조성 중이다. 총 87억 원을 들여 생태탐사로(15km) 등을 만들 계획. 두타연은 국내 최대의 열목어 서식지로 유명하다.

양구 DMZ 생태탐방타운도 조성한다. 두타연·대암산·가칠봉 일원에 만들어지는 이 타운은 총 규모가 17만m²에 달한다. 야생동식물보호센터·전망대·생태체험장·관찰테크가 들어선다. 수차례 언급했듯 접경지역 개발에서 가장 중요한 것은 군-군 협력이다. 양구는 휴전선 248km 가운데 39.1km가 통과하는 지역이다. 군사시설보호구역도 군 전체의 절반 이상을 차지한다. 군軍의 협조가 없으면 어떤 개발사업도 진전되기 힘들다.


## 한반도 배꼽에서 시작된 녹색바람

다행스러운 점은 양구의 군-군협력체계가 튼튼하다는 것이다. 양구군은 3년 전 민군협력기구를 구성했다. 군-군 관계자는 정례적으로 만나 현안을 협의한다. 군郡 관계자는 "군軍과 의사소통이 원활하다"고 말했다. 군-군협력의

가칠봉의 풍력발전기와 태양
집열판 가칠봉 꼭대기에 설
치된 그린 에너지 생산 시스
템이다. 인근 부대에서 필요
한 전기의 상당량을 이 풍력
발전기와 집열판에 의존하고
있다. ⓒ조우혜

열매는 알차게 영근다. 지난해 70%에 달했던 군사시설보호구역이 50%선으
로 떨어진 것은 군-군 협력의 괄목할 만한 성과다.

　군□의 녹색성장 의지도 단단하다. 지난해에는 가칠봉관측소에 태양광 ·
풍력발전소를 건설했을 정도다. 이 발전소에서는 풍력과 태양광을 이용해 각
각 월 3,000kW, 1,350kW를 생산한다. 35가구가 한 달 동안 사용 가능한 전
력량이다. 특히 태양광발전소 설치로 온실가스 연간 감축량이 5.4t에 이르는
데, 이는 1,500여 그루의 잣나무를 심는 것과 비슷한 효과다.

　가칠봉 풍력 · 태양광발전소에서 공급하는 전력은 현재 전방경계 작전을

위한 경계등과 장병 생활관을 밝히는 데 사용된다. 군軍 관계자는 "가칠봉관측소 사용 전력의 70~80%를 대체하는 효과를 거두고 있다"며 "2013년까지 태양광 및 풍력 발전설비를 군부대 80개소에 확대 설치할 계획"이라고 말했다.

군-군이 손을 맞잡고 녹색바람을 일으키고 있는 것이다. 배꼽은 아무런 기능을 하지 않는다. 탯줄의 상처일 뿐이다. 한반도의 배꼽 양구도 그런 맥락에서 비슷하다. 국토 정중앙의 기능을 잃은 지 오래다. 중심이라기보단 오히려 변방이다. 양구는 지금 잃어버린 중심 기능을 되찾기 위해 안간힘을 쓴다. 녹색성장이 이들의 발판이다. 한반도 배꼽에서 출발한 녹색바람이 북녘땅을 물들이는 그날, 양구는 배꼽이 아닌 새로운 탯줄로 거듭날지 모른다.

# 동양화 같은 계곡의 향연

'인제 가면 언제 오나 원통에서 못 살겠네'라는 말은 인제나 원통(인제군 북면) 지역에 배치받은 신병들이 앞으로 펼쳐질 고단한 군 생활을 걱정하며 내뱉던 푸념이다. 그럴 때 이어지는 또 다른 대구가 '양구 보며 살지'라는 말이다. 인제나 원통보다 더하면 더했지 덜하지 않은 지역이 양구라는 말이겠다. 인간의 한계를 시험하는 혹한과 폭설, 끝없이 이어지는 산악행군 등 가난한 시절 군 생활의 어려움을 집약적으로 보여주던 동네가 바로 양구와 인제 지역이다. 이런 양구와 인제가 이제는 병영생활의 추억을 간직한 대한민국 40대 이상 남성들의 제2의 고향이자 웰빙 피서의 고장으로 거듭나고 있다.

## 박수근 미술관과 양구읍 일원

양구는 산이 많은, 그야말로 산으로 둘러싸인 동네다. 동쪽에는 가칠봉 ·

대우산·대암산이, 중앙부에는 지혜산과 봉화산이, 서쪽에는 어은산·백석산·사명산이 손을 잡듯 서로서로 이어지는데 모두 해발 1,000m가 넘는 산들이다. 험준한 산과 산 사이에 동양화 같은 계곡들이 이어지는데 산세가 험준하고 물이 맑아 천혜의 자연경관을 자랑한다. 한여름 피서를 위해 계곡을 찾는다면 굳이 물어볼 필요도 없이 양구로 가면 된다. 두타연, 팔랑폭포, 광치계곡 등 이름깨나 알려진 계곡들도 많지만 그냥 아무 산자락에나 들어가 돗자리를 깔아도 거기가 바로 도시인들에게는 최고의 계곡이고 물이 되는 동네가 양구다.

양구의 실핏줄 같은 계곡들이 양구읍 일원에 모여들어 파로호를 이루는데, 매년 7월이면 여기서 쉬리축제가 열린다. 군청과 양구향교가 있는 읍내에서 서쪽으로 수입천을 건너면 박수근 미술관이 있는데 양구군이 애정과 자금을 쏟아부어 만들어놓은 국내 최고 수준의 미술관이다. 박수근은 널리 알려진 대로 우리나라를 대표하는 서양화가이자 국내보다 해외에서 더 잘 알려진 화가다. 그의 작품 〈강변에서 빨래하는 여인〉은 소더비경매장에서 31만 달러에 팔려 화제가 되기도 했다. 과감한 생략과 단순한 구도, 투박한 질감이 느껴지는 마티에르 기법을 통해 한국적인 정서를 가장 잘 표현한 서민화가가 박수근이다. 월요일에는 미술관이 문을 닫는데, 양구 지역 대부분의 관광지들이 모두 월요일에 쉬기 때문에 월요일에 양구에 가는 건 피하는 것이 좋다.


## 해안면 일원의 안보관광지

펀치볼이라는 명칭으로 널리 알려진 해안침식분지는 그야말로 거대한 화채그릇 같이 생긴 지역이다. 여덟 개 봉우리들이 강강술래를 하듯 서로서로 손을 잡고 이 초대형 화채그릇의 바깥쪽을 둘러싸고 있으며, 이 그릇의 안쪽

앞의 사진 청정 양구 아름다운 계곡과 들꽃이 조화를 이루는 이곳은 그야말로 청정지역이다. 화천, 철원, 양구는 통합된 환경 관리가 필요한 곳이다. 대전차 방해물이 주변 풍광과 묘하게 어울린다. ⓒ조우혜

이 모두 해안면이고 해안면 전체가 그릇에 담겨 있다. 이 특이한 지형은 기본적으로 안쪽이 깎여 나간 침식분지로 알려져 있으며, 그래서 흔히 해안침식분지, 혹은 해안분지라고 부른다. 공식명칭에 등장하는 '해안'은 마을 이름으로 바닷가를 뜻하는 해안海岸이 아니라 돼지 해亥를 쓰는 해안亥安인데, 이와 관련해서는 그럴듯한 전설이 하나 전해진다.

조선시대 이 지역 이름은 바다 해海를 쓰는 해안海安이었는데, 유난히 뱀이 많아 사람들이 출입을 하거나 농사를 짓는 데 어려움이 많았다고 한다. 그러던 어느 날 한 스님이 와서 뱀에게는 돼지가 천적이니 마을 이름에 바다 해海 대신 돼지 해亥를 쓰는 것이 좋겠다고 해 그렇게 했더니 정말로 뱀이 없어졌다는 것이다. 실제로 이 지역에서는 선사시대유적과 더불어 많은 양의 조개껍질이 발굴되었는데, 이는 이 지역이 예전에 거대한 호수였을 가능성을 암시하는 것이다. 내륙에 있는 거대한 호수여서 지명에 바다 해海를 썼을 수도 있다는 얘기다.

어쨌든 양구 지역의 안보관광지 가운데 가장 잘 알려진 지역들은 모두 이 해안분지 일대에 분포하고 있다. 예전에는 높고 가파른 고개를 굽이굽이 돌아 이 그릇처럼 생긴 땅 안으로 들어가야 했는데 지금은 터널이 뚫려 가기가 훨씬 수월해졌다. 해안면에 가면 일단 양구통일관을 찾아야 한다. 여기서 제4땅굴, 을지전망대, 전쟁기념관 출입을 위한 일체의 신청을 일괄 처리하기 때문이다.

양구통일관은 북한 지역 주민들의 생활상을 잘 보여주는 전시관이며, 그 옆에 전쟁기념관이 있는데 그야말로 한국전쟁 당시 양구 일원에서 얼마나 치열한 전투들이 치러졌는지 생생하게 체험할 수 있는 곳이다. 최첨단 멀티미디어 시설이 되어 있기 때문에 어른은 물론 아이들도 무척 재미있게 전쟁과 안보, 통일에 대해 배울 수 있다.

양구 전쟁기념관 양구 지역의 주요 전투사를 보여주고 전쟁이 얼마나 무서운 것인지를 몸소 체험할 수 있는 교육의 장이기도 하다. ⓒ조우혜

전쟁기념관에서 서북쪽으로 10여 분 올라가면 제4땅굴이 있다. 현재까지 발견된 네 개의 땅굴 가운데 유일하게 내부를 관람할 수 있는 객차가 운행되는 곳이다. 길고 어둡고 좁은 땅굴 내부에 서면 한여름에도 팔에 소름이 돋는다. 추워서 돋는 소름이기도 하지만 이 거대한 땅굴을 삽과 괭이 같은 구식 장비로 파야 했을 북한의 군인들과 기술자들에 대한 생각, 자기 백성들을 이

런 일에 내몰아 목숨까지 걸게 했을 북한의 위정자들에 관한 생각 때문에 돋는 소름이기도 하다. 무섭고 가련하고 서글프고 안타깝다. 대체 무슨 생각으로 이런 땅굴을 한두 개도 아니고 최소한 네 개 이상이나 파야 했는지, 이해할 수도 없고 용서하기도 어려워진다. 그 인력과 기술로 당당하게 도로망이나 건설했더라면 북한의 경제가 오늘처럼 어려워지지는 않았을 텐데 말이다.

땅굴에서 나와 다시 북쪽으로 이어진 산길을 올라가면 을지전망대가 있다. 전망대로 오르는 긴 산길의 가드레일은 다름 아닌 남방한계선 철책이다. 깎아지른 절벽 위에 철책선이 이어지고, 바로 그 밑에 전망대 가는 길이 놓여 있다. 을지전망대는 최북단 전망대로 북한 지역의 산악 지형과 계곡, 그 계곡 사이의 폭포까지 한눈에 내려다볼 수 있다. 해안분지를 왜 펀치볼이라고 부르는지도 눈으로 확인할 수 있다. 을지전망대 서쪽 봉우리가 가칠봉인데, 펀치볼과 북한 지역을 조망하기에는 을지전망대보다 더 좋은 지형에 자리 잡고 있지만 민간인은 출입이 불가능하다.

# 고성

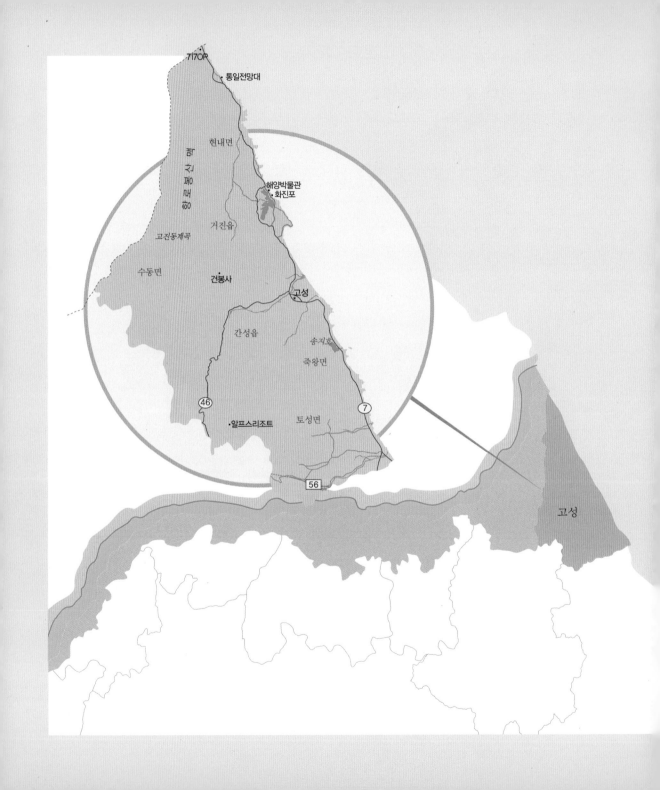

717OP

통일전망대

현내면

해양박물관
화진포

거진읍

고진동계곡

수동면    건봉사

고성

간성읍

송지호

죽왕면

46

알프스리조트    토성면

7

56

고성

# 고성에서 바라본 그리운 금강산

민통선 여섯 번째 기행은 고성으로 가는 길이다. 이제까지 갔던 여행 중 가장 먼 길이다. 마지막으로 파주 지역을 남겨놓긴 했지만, 김포와 강화에서 시작한 여행은 어느새 우리를 동해 바닷가 고성에 다다르게 했다.

고성으로 떠날 준비를 하면서 새삼 서쪽에서 동쪽으로 휴전선을 따라 온 여정을 돌아봤다. 휴전선과 비무장지대는 언제나 그 자리에 있었고, 지역에 따라 서울에서 차례로 찾아간 셈이었다. 자유로를 타기도 했고, 3번 국도와 43번 국도를 이용하기도 했고, 경춘고속도로와 44번 국도를 달리기도 했다.

길이란 모더니티의 상징이다. 근대 이전에도 길은 물론 있었다. 하지만 신작로가 열린 이후 길은 근대 문명의 중심으로 자리 잡았다. 길을 통해 인간과 상품과 문명의 교류가 본격적으로 이뤄졌다. 여행을 떠나기 전 길에 대한 이야기를 이렇게 늘어놓는 것은 이번 기행이 비무장지대와 민통선을 새롭게 발견하게 했을 뿐만 아니라 길의 의미도 다시 발견하게 했기 때문이다.

길이란 인간과 문명을 실어 나르기도 하지만, 동시에 삶이 진행되는 그 자체이기도 하다. 계획한 경로를 조금씩 이탈하면서 삶은 돌연 다른 길 위에 있기도 하고, 그 길 위에서 뜻밖의 동행들을 만나게 되는 행운을 누리기도 한다.


## 진부령을 넘어 고성으로

내게는 이번 민통선 기행이 그랬다. 여행을 더하면서 비무장지대 탐방이라는 본래의 목표 이외에 다른 많은 것들을 생각해보게 됐을 뿐만 아니라, 좋은 선후배들을 만날 수 있었다. 몇 번의 여행을 통해 어느새 우리는 서로의 취향과 어법을 어느 정도 눈치채기 시작했고, 이제는 얼굴만 봐도 제법 정겨운 사이가 됐다.

고성으로 가기 위해 이른 새벽에 경춘고속도로에 올랐다. 중앙고속도로를 타고 다시 44번 국도를 이용해 홍천과 인제로 내달렸다. 원통에서 아침을 먹은 후 단숨에 진부령에 올랐다. 진부령은 태백산맥 향로봉과 마산봉 사이에 있는 고갯길이다.

금강산, 향로봉, 설악산으로 이어지는 여기 태백산맥 준령은 백두대간에서 가장 아름다운 곳 가운데 하나다. 금강산과 설악산이 그러하거니와 향로봉 또한 마찬가지다.

최근 백두대간 종주의 출발점이 되는 이 향로봉 북쪽에는 휴전선이 지나고 있다. 이 산을 따라 이어지는 고진동 계곡, 진부령 계곡 등은 특히 가을 단풍으로 유명할 뿐만 아니라, 건봉산으로 이어지는 계곡 안에는 고찰 건봉사가 있기도 하다.

해발 529m의 진부령은 태백산맥에서 그렇게 높은 고개가 아니다. 하지만

여기부터민통선ㅇ...ㅁ니다

간첩 테러 신고 및 안보상담 은 국번없이...번으로

Rinnai
Beautiful life
GAS 꿈의 조家 린나이

Rinnai
Beautiful life
GAS 꿈의 조家 린나이

GOSEONG

금강산 가는 길 7번 국도는 민통선을 지나 금강산으로 향하게 된다. 이 아치형 초소는 민군의 묘한 결합을 보여준다. 끊어진 것도 이어진 것도 아닌 어정쩡한 상태가 계속되고 있다. ©조우혜

고갯마루에 올라서면 멀리 동해가 훤히 보인다. 한계령, 대관령과 마찬가지로 진부령에서 동해안 바닷가로 내려가는 길은 말 그대로 구곡양장을 이루고 있다. 끝없이 굽이치며 내려가면서 지켜보는 태백산맥의 풍광은 더없이 아름다웠다.

하지만 여기 진부령 지역 역시 한국전쟁 당시 치열한 전투가 벌어진 곳이다. 그 흔적의 하나가 진부령 정상에 있는 향로봉지구 전적기념비다. 이 비는 1951년 봄과 여름에 설악산과 향로봉 지구의 전투에서 이 지역을 지킨 젊은 무명용사들을 기념하기 위해 세운 것이다. 전방 지역의 어디를 가도 전쟁의 흔적은 이렇게 남아 있으며, 전쟁의 참혹함과 평화의 소중함을 일깨우고 있다.


## 동해바다와 어머니의 추억

진부령을 내려와 바닷가에 닿자 이내 거진항이 눈에 들어왔다. 화진포 해수욕장으로 유명한 곳이다. 화진포 해수욕장은 강릉 경포대 해수욕장, 양양 낙산 해수욕장과 함께 동해안을 대표하는 해수욕장 중 하나다.

바다와 연이어 있는 호수도 장관이지만 울창한 송림 앞에 펼쳐진 흰 백사장과 푸른 동해 바다는 언제 봐도 시원함을 안겨준다. 동해의 풍광은 서해 또는 남해의 풍광과 사뭇 다르다. 서해의 풍경에는 수평선 위에 크고 작은 섬들이 아기자기하게 떠 있다면, 동해의 풍경에는 짙고 푸른 물결이 끝없이 펼쳐져 있다.

언제부터인가 동해하면 먼저 떠오르는 이가 있다. 가수이자 시인인 하덕규다. 그는 〈한계령〉, 〈사랑일기〉 등을 만들고 불렀으며 시집을 출간하기도 했다. 개인적으로는 그가 부른 〈내 고향 동해바다〉를 특히 좋아해 젊은 시절

무한 반복해 들은 적도 있었다.

"내 고향 바다에는 고기도 많지 / 아주 예쁜 물고기 / 내 고향 바닷물은 깊기도 하지 / 너무너무 파랗지 / ... / 내 고향 바닷물은 눈물이지 / 내 어머니 눈물이지 / 철없이 어린 아들 떠나보낸 / 슬픈 눈물이지 / 언제나 돌아갈까 내 고향 / 언제나 찾아가나 내 고향 동해바다."

이 곡의 백미는 단연 푸르른 동해 바닷물이 어머니의 눈물이라는 비유다. 많은 이가 그러하듯 나 역시 10대와 20대 초반 어머니에게 적잖은 반항을 했던 것 같다. 반항이라기보다 무관심이 더 정확한 표현일지도 모른다. 정작 20대 중반에 어머니를 떠나보내고 나서야 어머니의 존재와 사랑을 새삼 깨닫게 됐다.

## 717관측소에서 본 금강산

〈내 고향 동해바다〉의 멜로디를 마음속으로 따라가면서 7번 국도를 쫓아 올라갔다. 대진항을 지나고 통일전망대를 옆에 둔 채 산길로 들어가 717관측소를 향했다. 몇 달 전 처음으로 김포 애기봉전망대에 오를 때 동행한 플래닛미디어 김세영 사장은 비무장지대 인근의 전망대 중 가장 인상적인 곳은 아마도 양구 가칠봉전망대와 고성 717관측소일 거라고 했다.

당시에는 그리 주의 깊게 듣지 않았지만, 지난번 양구 가칠봉전망대에 올라섰을 때 새삼 김사장의 말이 옳았다는 것을 깨닫게 됐다. 유엔사령부 관할에 있는 717관측소 역시 마찬가지였다. 정직하게 말하면, 717관측소는 이곳에 대한 나의 막연한 상상을 뛰어넘었다. 금강산전망대라고도 불리는 이 관

측소에서 바라본 풍경은 이제까지 본 풍경들을 단숨에 압도했다.

왼편으로 멀리 놓여 있다는 비로봉을 포함한 금강산 연봉들은 안타깝게도 날씨가 흐려 제대로 볼 수 없었지만, 정면과 오른편에 펼쳐진 해금강의 풍경은 놀라움 그 자체였다. 그리 높지 않은 암산들이 줄지어 있고, 나무꾼과 선녀 전설이 깃들어 있다는 호수 감호와 해안가에 우뚝 솟은 구선봉을 마지막으로 산줄기가 바다에 잠기면서 해금강은 말로 표현하기 어려운 수려한 풍광을 있는 그대로 펼쳐 보이고 있었다.

저 구선봉 너머에는 관동팔경의 하나인 삼일포가 있고, 고성군의 주요 도시인 '고성'이 있다고 한다. 그리고 다시 해안선을 따라 올라가면 저 멀리 원산과 흥남이 있을 거라는 생각을 하니 감회가 새로웠다. 비록 그 마지막 자락이긴 하지만, 여기 717관측소에 와서야 나는 태어나서 처음으로 금강산을 제대로 보게 된 셈이었다.

금강산의 이름은 여럿이다. 봄에는 금강산金剛山, 여름에는 봉래산蓬萊山, 가을에는 풍악산楓岳山, 겨울에는 개골산皆骨山으로 불린다. 계절이 여름인지라 봉래산이라는 이름으로 불릴 수 있겠지만 내 눈앞에 펼쳐진 해금강의 모습은 잎이 모두 떨어져 바위가 그대로 드러난, 골격이 있는 그대로 보이는 개골산의 이미지였다.

금강산에는 우리의 많은 역사가 깃들어 있다. 수많은 이가 금강산을 찾아갔으며, 시와 그림 그리고 기행문을 남겼다. 조선 시대 겸재謙齋 정선과 단원檀園 김홍도의 작품은 물론 지난 20세기 변관식이 그린 금강산 풍경들은 왜 금강산이 해동의 명산으로 불리었는가를 일깨워준다. 이 산에는 금강의 화려함, 봉래의 신비함, 풍악의 아름다움, 그리고 개골의 신선함이 모두 담겨 있다.

앞의 사진 구선봉과 감호 717 OP에서 바라본 아름다운 풍경이다. 선녀와 나무꾼의 설화가 어린 호수로 이 일대의 풍경은 고성에서 으뜸이다. ⓒ조우혜

## 금강산과 율곡 이이

개인적으로 금강산하면 우선 떠오르는 인물은 율곡栗谷 이이이다. 지식사회학을 부전공으로 하는 필자에게 우리 역사상 가장 문제적인 지식인을 들라면 나는 서슴없이 율곡을 가장 앞자리에 놓는다. 삼국시대에 원효가 있었고, 고려시대에는 지눌도 있었고, 조선 시대에는 퇴계退溪 이황과 다산 정약용도 있었지만, 지식인과 정치가로서의 율곡의 영향력은 결코 이들 못지 않았다.

전하는 바에 따르면, 어머니 심사임당이 돌아가자 율곡은 삶의 무상함을 느껴 금강산으로 출가했다고 한다. 그리 오래 머무르지 않고 바로 속세로 돌아온 그는 과거 시험을 보고 관리이자 학자로서의 길을 걸었다.

퇴계와 함께 주자학의 쌍벽을 이뤘고, 사계沙溪 김장생과 우암尤庵 송시열로 이어지는 기호학파를 열었던 율곡에게 출가는 매우 이례적인 삶의 경험이었다. 이러한 그의 행적은 서인과 노론으로 이어진 그의 제자들에게 적잖이 곤혹스러운 경력이었지만, 내가 보기에는 그의 인간적인 풍모를 여실히 보여주는 부분이기도 하다.

율곡의 철학인 이기일원론은 주자학의 토착화를 모색한 사상이었다. 또한 그는 현실 정치에도 지속적으로 참여해 사회개혁과 통합을 모색했으며, 논란의 여지가 없지는 않으나 이른바 십만양병설을 제시하는 등 부국강병을 위해 평생을 헌신했다.

율곡이 남긴 책들 가운데 나는 특히 『석담일기』을 좋아한다. 당대의 현실과 사상, 그리고 동시대 인물들에 대한 엄정한 평가를 담고 있는 이 일기는 조선시대라는 시간적 구속을 넘어 국가와 사회, 이론과 현실의 관계를 어떻게 봐야 하는지를 일깨워준다. 그래서 마음이 답답하거나 울적할 때면 이 책을 서가에서 꺼내 읽어보곤 한다.

철학자이자 정치가인 율곡이 내게 던진 질문 중 하나는 다름 아닌 애국주

통일전망대는 민통선 안에 위치해 출입신고서를 작성해야만 들어갈 수 있다. 이제는 출입을 막는 것이 아니라 출입이 조금 불편할 뿐이다. ⓒ조우혜

의의 문제였다. 사회학적으로 애국주의 또는 민족주의는 전쟁 및 국민국가의 형성과 밀접한 관련을 맺는다.

사회학자 찰스 틸리Charles Tilly가 강조하듯이, 전쟁을 준비하고 대비하는 과정은 국민국가 건설의 핵심적 문제들인 물리적 강제력의 축적과 독점, 자원 추출 능력의 신장, 권력의 정당성 제고, 영토의 확정, 국민 개념의 성장, 중앙

집권화, 국가조직의 공식적 자율성 확보 등에 크게 기여했다. 애국주의는 바로 이런 전쟁과 국민국가의 형성과 궤를 같이하는 바, 국민국가 구성원들에게 문화적 동질성을 부여한다.

우리 역사를 거시적으로 돌아봐도 애국주의와 민족주의 형성에 적잖이 기여한 것은 고려시대 대몽항쟁과 조선시대 임진왜란, 그리고 일제 식민지 시대 독립운동이었을 것이다. 율곡은 바로 십만양병설과 같은 전략을 통해 다른 국가의 침략에 대비하고자 했으며, 각종 부국강병 정책을 통해 조선사회의 개혁을 모색했다.


## 민통선에서 생각하는 애국주의

오늘날과 같은 세계화 시대에도 애국주의는 여전히 뜨거운 쟁점을 이룬다. 인간이 태어나서 교육을 통해 자연스럽게 내면화하는 것 가운데 하나는 자신이 속한 나라에 대한 사랑, 다시 말해 애국주의다. 나라를 세운 이야기를 듣고 민족의 역사를 배우며, 국기國旗와 국가國歌 등 나라를 상징하는 것들을 학습하게 된다.

대다수 사람들에게 나라의 이름은 결코 단순한 호칭이 아니다. 예를 들어 지난 2002년 월드컵에서 전국에 메아리친 '대~한민국'에는 언어로 전달하기 어려운 나라에 대한 사랑이 고도로 응축돼 있었다.

그렇다면 이런 애국주의를 과연 어떻게 봐야 할까. 애국주의는 이른바 세계시민주의와 어떻게 조화할 수 있을까. 그것이 조화하지 못한다면 애국주의와 세계시민주의 가운데 어느 것을 선택해야 할까.

애국주의는 우리나라만의 이슈가 아니다. 미국에서도 지난 1990년대 초반 애국주의를 둘러싸고 일대 토론이 있었다. 스탠퍼드대 철학·정치학 교수인 조슈아 코언<sup>Joshua Cohen</sup>이 편집한 『나라를 사랑한다는 것<sup>For Love of Country</sup>』(우리 말로는 2003년에 옮겨졌음)은 바로 이 애국주의를 정공법으로 다루고 있다.

이 책은 원래 1994년 잡지《보스턴 리뷰》의 애국주의 논쟁에 참여한 11편의 글에 새롭게 씌어진 5편을 덧붙인 것이다. 오늘날 미국을 대표하는 작가·인문학자·사회과학자들이 대거 참여한 이 논쟁은 점증하는 세계화 속에서 애국주의의 위상을 다각도로 검토하고 있다.

논쟁의 출발점은 시카고대 법학·윤리학 교수인 마사 너스봄<sup>Martha Nussbaum</sup>이 주창한 세계시민주의다. 그에 따르면 우리에게 가장 고귀한 충성의 대상은 인류 공동체며, 우리의 실천적 사고의 제1원칙은 인류 공동체 모든 구성원들의 가치를 동등하게 존중하는 데 있다는 것이다. 애국주의는 결국 대외 강경주의나 배타적 국가주의로 귀결될 가능성이 높기 때문에 그 대신 세계시민주의가 우리 삶의 일차적인 가치 기준으로 자리 잡아야 한다는 게 그의 주장이다.

너스봄의 문제 제기에 대한 대응은 애국주의를 지지하고 세계시민주의를 비판하는 입장, 세계시민주의를 제한적으로 지지하는 입장, 애국주의 대 세계시민주의를 양자택일의 문제로 보지 않는 입장 등 세 흐름으로 나뉘었다.

애국주의 문제가 결코 간단치 않은 것은, 너스봄이 말하는 세계시민주의가 실체 없는 현실적 추상이나 보증할 수 없는 낙관주의에 가까운 것이라는 반론 또한 만만치 않았다는 점 때문이다. 세계화가 강제하는 국민국가간의 비대칭적인 권력 관계를 고려할 때 특히 비서구사회에서는 민족주의 또는 애국주의가 여전히 유효하다고 볼 수 있다.

한 걸음 물러서서 생각하면, 세계화 시대에 애국주의와 세계시민주의 가운데 어느 하나를 지지할 게 아니라 새로운 시각과 생산적 절충이 필요하다. 나라를 무조건 사랑하는 게 중요한 것이 아니라 어떻게 사랑할 것인가를 생각하는 게 중요한 과제일 것이다.

관측소에서 오른편 아래쪽을 굽어보니 동해선 남북연결도로가 눈에 들어왔다. 2004년 12월에 개통된 이 도로를 통해 금강산 육로관광이 이뤄진다고 한다. 문득 지난번 성재산관측소에서 굽어본 5번 국도가 떠올랐다. 5번 국도는 막혀 있지만 7번 국도는 저렇게 이어져 있다. 끊어진 5번 국도 역시 저렇게 7번 국도처럼 다시 이어지게 되면 통일은 그만큼 가까워질 것이라는 생각을 하지 않을 수 없었다.


## 통일전망대에서 바라본 금강산

717관측소에서 내려와 통일전망대로 향했다. 1984년 문을 연 이 통일전망대는 일반 국민들이 쉽게 금강산과 해금강을 구경할 수 있는 곳이다. 전망대에 올라서니 북쪽으로 해금강이 선명히 그리고 수려하게 펼쳐 있었다.

여름방학인 탓인지 아이들과 함께 구경 온 가족들이 많이 눈에 띄었다. 전망대에 오르고 내리면서 표정을 지켜보니 나이 든 이들은 감회가 깊은 듯하고, 젊은 세대들은 신기해하는 듯하며, 아이들은 즐거워하는 듯했다. 한국전쟁의 비극과 분단현실에 대해 세대에 따라 서로 다른 생각들이 표정에 담겨 있는 것 같았다.

비록 한국전쟁을 체험하지는 못했지만, 동행한 우리들의 마음은 젊은 세대보다 오히려 나이 든 세대에 가까운 듯했다. 민통선 기행에서 한두 번 본 것이 아닌데도 불구하고 북녘 산하의 풍경은 언제나 복합적인 감정을 갖지 않을 수 없게 했다.

전망대에 있는 식당에서 점심을 먹은 다음 고진동 계곡으로 가기 위해 건봉사에 가까운 군부대를 찾아가기로 했다. 아침부터 흐렸던 날씨는 어느새

비를 뿌리고 있었다. 다시 거진항을 거쳐 건봉사 입구까지 왔을 때 빗줄기는 이미 굵어져 있었다. 동행한 이들은 지프차로 갈아타고 고진동 계곡으로 향하고, 나는 다른 약속 때문에 서울로 돌아와야 했기에 간성으로 향해야 했다.

강석훈 교수가 먼저 돌아가는 내게 아쉬움을 표했다. 생각해보니 그 동안 몇 번의 민통선 기행에서 강 교수는 언제나 함께 있었다. 나이 들어 만난 탓인지 서로 나누는 이야기는 제법 점잖았지만, 정은 이미 상당히 들어 있었다. 길 위에서 만난 예기치 않은 따듯한 벗이었다.


## 〈소양강 처녀〉를 들으며

간성 버스정류장에서 서울로 오는 고속버스를 탔다. 진부령을 넘고 원통을 지나 소양강 부근의 한 휴게소에 잠시 버스가 멈췄다. 커피를 마시면서 쉬고 있는데 어디선가 익숙한 〈소양강 처녀〉가 흘러 나왔다. 소양강 인근에서 듣게 되는 〈소양강 처녀〉는 남달랐다.

순간 이 노래를 가끔 부르시던 어머니가 떠올랐다. 이 노래를 처음 들었을 때 의아하게 생각한 것은 두견새와 동백꽃이었다. 산새인 두견새는 호수에 없고 추운 소양강변에는 동백꽃도 피지 않기 때문이다.

하지만 어떠랴. 반야월이 쓴 가사가 다소 어설프다고 해서 바뀌는 것은 아무것도 없다. 이 노래를 부르시던 그리운 어머니의 모습과 목소리가 지워지지 않는 도장의 붉은 인주처럼 내 기억 속에 선명히 그리고 소중히 남아 있다. 어머니가 부르시던 〈소양강 처녀〉의 멜로디에 어머니를 여의고 금강산으로 들어가던 율곡, 고향 바닷물이 어머니의 눈물임을 깨닫는 하덕규의 모습이 겹쳐졌다.

다시 어머니의 모습에 이 땅 산하의 풍경이 중첩되고, 그 위에 지난 몇 개월

어느 초소 어느 이름 모를 작은 초소의 창문이다. 하지만 이것은 여전히 제 기능을 하고 있는 분단의 생살이다. ⓒ 조우혜

간 찾아다녔던 민통선과 비무장지대 풍경이 겹쳐지고 있었다. 이 땅의 산하를 사랑하는 것은 다름 아닌 나라를 사랑하는 것이지 않겠는가. 44번 국도의 한 작은 휴게소에서 나는 마음속에 잠자고 있던 애국주의와 만나고 있었다.

호두과자와 콜라를 사서 버스에 올랐다. 이내 소양강 끝자락이 보였다. 푸른 물결, 더없이 짙은 녹음, 창을 두들기는 빗줄기, 덜컹거리는 버스 소리, 살아 있는 모든 것들이 바로 자기 자리에서 존재의 위용을 드러내고 있었다. 존

재의 위용은 내게 존재에의 사랑을 일깨우고 있었다.

두고 온 이들이 떠올랐다. 강 교수에게 전화를 걸었지만 연결이 되지 않았다. 《이코노미스트》 허의도 대표에게 여기 홍천에는 비가 제법 온다는, 서울로 먼저 돌아가게 돼서 미안하다는 문자메시지를 보냈다. 그곳 고진동 계곡에도 비가 많이 온다는, 하룻밤을 같이 보내지 못해 아쉽다는 답신이 이내 돌아왔다. 창을 두들기는 빗줄기가 더욱 거세지고 있었다.                (2009. 9. 8)

# 고성에서 통일을 생각하다

진부령 부근의 황태마을에는 8월 초인데도 벌써 코스모스가 피어 있었다. 코스모스의 가냘픈 미소에 잠깐 눈길이 머무는 사이 '녹색성장, 통일고성'이라는 입간판이 고성임을 알리고 있었고, 도로 군데군데에 녹색으로 위장해 숨겨놓은 포들이 비무장지대 부근임을 암시하고 있었다. 동서 방향으로 달리던 우리 버스는 진부령을 지나 남북 방향의 7번 국도를 만났다. 7번 국도 오른쪽에는 언제 보아도 찬란한 동해의 바닷물이 출렁이고 있었다. 그리고 7번 국도와 동해 사이에는 비무장지대의 상징인 철책이 국도를 따라 남북으로 나란히 달리고 있었다.

## 국경을 넘어

7번 국도를 타고 북쪽으로 조금 올라가니 동해선 남북출입사무소가

나타났다. 북한을 육로로 통행하는 데 필요한 행정 처리를 하는 곳이다. 갑자기 유학 시절의 일이 생각났다. 1989년 즈음이었다. 당시 유학 중 방학을 이용해 나이아가라 폭포를 관람하러 간 적이 있었다. 나이아가라 폭포는 미국과 캐나다의 국경에 위치하고 있는데, 미국보다 캐나다 쪽에서 폭포를 더 잘볼 수 있다고 해 캐나다로 가기로 했다. 우리는 캐나다 이민국에서 간단한 입국비자 체크를 받은 후 타고 있던 자동차를 타고 유유히 캐나다에 입국했다. 이 경험은 나에게 신선한 충격이었다. 당시까지 나는 다른 나라로 가려면 비행기를 타거나 배를 타야만 한다고 철석같이 믿고 있었던 것이다. 한국에서태어나 한국 땅에서 20대 중반까지 살았고 미국 유학을 갈 때 처음으로 외국에 갔던 나에게 이런 생각은 당연한 진리처럼 여겨졌다. 내가 살던 한국은 삼면이 바다로 둘러싸여 있고 북쪽은 갈 수 없는 땅이었으니 이런 생각은 아마도 자연스러운 귀결이었을 것이다.

자동차를 타고 캐나다 국경을 넘는 순간 국경이란 이제까지 내가 알고 있던 것처럼 거대한 신성불가침의 성역이 아님을 처음으로 알게 되었다. 국경이란 나라 사이의 경계를 이루는 선이며, 평범한 사람도 쉽게 넘나들 수 있는곳이었다. 그러나 그동안 내가 알고 있던 한반도에서의 남북 국경은 아무나쉽사리 갈 수도 없고, 가서도 안 되는 곳이었다. 과연 남북한 사이의 국경도이렇게 변모될 수 있을까? 변모될 수 있다면 그날은 언제쯤 올까? 그날이 빨리 오게 하려면 나는 무엇을 해야 하나? 한반도의 남쪽 섬에서 자란 한 젊은이가 20년 전에 미국과 캐나다의 국경에서 고민했던 생각의 파편들이다.

엄밀히 말하면 군사분계선이 국경은 아니지만 현실적으로 남북 사이에서는 국경과 비슷한 기능을 하고 있다. 한국의 평범한 사람들이 육로로 군사분계선을 넘어 합법적으로 북한으로 넘나들기 시작한 것은 근래 몇 년 사이의일이다. 20년 전 나이아가라 폭포 위에서 상상하던 그 일이 오늘날 한반도에서 일어나고 있는 것이다. 그러나 잠시의 감격에 빠진 순간 어김없이 많은 상념들이 떠오른다. 경제적인 관점에서의 군사분계선과 국경과의 관계, 남북한 교역에서의 관세 문제, 교역 과정에서의 사용 통화, 그리고 남북한 간의 무역수지와 자본수지 등의 이슈들이 순식간에 머릿속을 채운다.


## 금강산전망대에서

7번 국도를 따라 올라가다가 717관측소(금강산전망대)에 가기 위해 통일전망대 옆길로 들어가니 이제는 제법 익숙해진 검문소가 나타났다. 검문소에는 '여기서부터 최전방 경계구역입니다'라는 문구가 크게 쓰여 있었고, 검문소 주위의 길가에는 삼각형의 지뢰경계 표시가 전방임을 알리고 있었다. 불과 1~2분 전에 7번 국도에서 차량과 사람들과 뒤엉켜 다녔는데, 눈 깜짝할 사이 또다시 세상과 분리된 공간으로 들어서는 순간이었다. 그런데 이번 검문소를 통과하는 데에는 이전에는 없었던 또 다른 절차가 나타났다. 버스가 서고 위생병이 올라오더니 방문객들의 체온을 검사했다. 요즘 유행하고 있는 신종 플루의 병영 내 침투를 막기 위한 조치였다. 다행히 우리 일행 중에 신종 플루 감염 의심자는 없었다. 버스가 출발하자 옆자리에 있던 김 교수가 우스갯소리를 한다. "강 교수가 이번 고성 기행문에서 '멕시코에서 처음 발견된 신종 플루가 글로벌화의 물결을 타고 강원도 고성의 우리 군에까지 위협이 되고 있다'라고 쓸 것이다"라고. 비무장지대를 같이 돌아다니다 보니 어느덧 내공이 높으신 김 교수께서 내 마음까지 읽어내는 단계에 도달하셨다.

717관측소에서 바라본 북한의 모습은 이제까지 여러 관측소에서 보던 모습과는 완연히 다른 모습이었다. 그동안 관측소에서 보았던 북쪽의 모습이 삭막한 비무장지대와 적막한 북한 땅이 만들어내는 무언의 장송곡이라면, 이곳에서 바라본 북쪽의 모습은 금강산과 동해가 파노라마처럼 펼쳐지는 봄날의 교향곡이었다. 북한 땅에는 적벽산·벽돌산·가마봉 등 금강산 자락의 일부가 그림처럼 펼쳐져 있고, 그 자락의 품을 뛰쳐나와 바다에 풍덩 빠진 외부도·작도 등이 파란 동해바다 사이에서 해금강의 시작을 알리고 있었다. 아마 한국 땅 어디를 가도 이런 절경을 다시 볼 수 없으리라는 생각이 든다.

사람이란 망각의 동물일까? 이 절경 지역을 확보하기 위해 6·25전쟁 때는 717관측소 근처의 앵카고지에서 아군과 적군의 사망자만 1만 명이 넘는 처절한 전투가 있었다. 금강산 1만 2,000봉 중에서 가장 오른쪽에 있다는 구선봉에는 북한군의 갱도진지가 구축되어 있다. 우리 군 GP와 북한군 GP가 불과 580m 떨어져 있는 곳도 있다. 사실 우리가 방문한 717관측소도 1992년 이전에는 비무장지대 내에 있는 GP였다. 717관측소를 만들 때는 1.2km 떨어진 곳에서 북한군의 기관총 도발이 있었다고 한다. 이런 역사를 반영하듯이 지역을 관할하는 율곡부대의 구호도 '다시 찾자 금강산, 다시 보자 두만강'이다.

그런데 지금 눈앞에 펼쳐지는 현실은 또 다르다. 717관측소에서는 쓰라리고 슬픈 과거의 기억과 엄연히 현존하는 긴장 속에서도 동해선 철도와 도로가 군사분계선을 넘어 북한으로 뻗어 있는 모습을 볼 수 있다. 남북한의 경제협력과 금강산 관광을 위해 만든 시설들이다.

만감이 교차하는 717관측소에서 덴마크인 야콥슨 소령을 만났다. 그는 국제정전감시단(ISAF International Security Assistance Force) 단원인데, 현재는 UN사령부에 소속되어 1년간 남북한 간의 정전 상태를 감시하는 임무를 수행하고 있었다. 한국에 오기 전에는 인도, 아프가니스탄, 파키스탄 등의 접경지역에서 정전 감시 임무를 수행했다고 한다.

한국에 대해 물어보니 마치 기다렸다는 듯이 한국의 과거와 현재에 대해

분단의 철책 구형과 신형 철
조망이 뒤엉켜 인간의 출입을
막는다. 저 너머 금단의 땅은
50년 넘게 녹슬고 있다. 그
철망을 거둬낼 날은 언제일
까? ⓒ조우혜

자신의 의견을 피력한다.

"6.25전쟁 이후 세계의 최빈국 중 하나로 시작해 지금의 한국 경제를 만들
어낸 것은 역사에 길이 남을 경이로운 일이다. 이 모든 성과는 한국인들이 세
계의 누구보다도 열심히 일했기 때문이다. 현재 한국 경제가 주춤거리고 있
는 것은 현재의 세대들이 국제적인 기준으로 보면 아직도 열심히 일하기는
하지만 선배 세대보다는 덜 열심히 하기 때문이다."

이어서 나는 야콥슨 소령에게 비무장지대를 보면서 무엇을 느끼는지 물었
다. 이 아름다운 절경을 군사적 대치 때문에 내버려두는 일은 매우 아깝고 안

통일 전망대 최북단에 위치한 통일전망대는 해금강의 풍광
을 만끽할 수 있는 최고의 전망대이다. ⓒ조우혜

타까운 일이라는 대답이 돌아왔다. 그는 머지않아 남북한이 자유롭게 왕래할 수 있기를 바란다고 했다. 나도 그러길 바란다고 대답했다. 다만 그의 바람은 나그네의 희망이었지만, 나의 바람은 주인의 소망이었다.


## 통일에는 돈이 얼마나 들까?

경제학은 비용과 편익의 시각으로 세상을 바라보는 학문이다. 고성에서 북으로 뻗어 있는 동해선 철도와 도로를 보면서 통일의 비용과 편익에 대해 다시 생각하게 된다. 그동안 통일비용에 대해서는 국내외에서 다양한 논의가 있어왔으며, 그에 따른 비용추계의 결과도 각양각색이다. 2005년을 기준으로 미국 랜드연구소는 통일 후 5년간 50~670조 원의 통일비용이 소요될 것으로 예상한 바 있고, 삼성경제연구소는 2015년에 통일이 된다면 통일 후 10년간 546조 원이 소요될 것으로 예상한 바 있다. 추계 수치에 큰 차이가 나는 이유는 각 연구에서 상정하고 있는 통일비용의 개념이나 방법, 시기 등에 차이가 있기 때문이다. 2000년대 초반 외국계 투자은행들이나 연구기관들은 만약 한국이 급진적인 통일을 맞이하게 된다면 일정 기간 동안 매년 한국 GDP의 3~5% 정도의 통일비용이 소요될 것으로 예상한 바 있다.

최근 한국조세연구원의 최준욱 박사는 만약 2011년에 갑자기 통일이 되는 경우 그해 한국 GDP의 12%가 통일비용으로 소요될 것이며, 이후 동 비율은 점차 하락해 통일 후 10년이 경과하면 7%까지 하락할 것으로 추계한 바 있다 (최 박사가 2011년을 기준으로 삼은 이유는 통일의 가능성을 고려한 결과가 아니라 비용 추계의 용이성을 위한 선택이다). 최 박사의 추계가 2000년대 초반 외국계 기관의 추계 규모보다 많은 이유는 갈수록 남북한의 경제력 격차가 커지고 있기 때문이다. 실제로 1990년대 초반 한국경제 규모는 북한경제 규모의 6~8

배웠는데, 2007년에는 이것이 17배로 확대되었다. 통일비용을 계산할 때에는 북한 주민의 생활수준을 우리 생활수준의 일정 비율, 예를 들면 50%까지 상승시키는 데 소요되는 비용으로 계산한다. 따라서 남북한의 경제력 격차가 커질수록 통일비용은 더욱 크게 증가하게 된다.

경제적인 관점에서 본 통일비용과 관련된 연구도 많은 편은 아니지만, 통일의 편익에 대한 연구는 거의 없는 실정이다. 개념적으로 볼 때 통일의 편익으로는 분단 비용의 절감, 자원과 영토 그리고 인적 자원의 추가 확보, 북한 지역에의 투자 증가와 이에 따른 경기 활성화, 대륙으로 연결되는 통로 확보 등의 요인들을 고려할 수 있을 것이다. 그러나 현재 상황에서 이러한 편익들을 계량적으로 수치화하려면 다양한 가정에 의존할 수밖에 없기 때문에 객관성 있는 결과를 산출하기는 어려울 것이다.

결국 통일비용과 편익에 대해서는 개념 자체가 정립되어 있지 않을 뿐만 아니라 단기적인 관점과 장기적인 관점이 서로 다를 수 있고, 여기에 현실에서는 비경제적인 비용과 편익도 고려해야 하기 때문에 정확한 비용·편익 비율을 가늠하기는 어렵다. 다만 이러한 분석에서 추론할 수 있는 내용은 남북한의 경제력 격차가 커질수록 통일비용은 더욱 늘어날 것이라는 점이다. 따라서 현실적으로 지금 단계에서 가장 중요하면서도 실현 가능한 일은 미래의 통일비용을 줄일 수 있도록 금강산 관광이나 남북경협*을 재설계하는 일일 것이다.

717관측소를 내려와 통일전망대를 방문했다. 통일전망대는 민통선 지역에 있는 717관측소와는 달리 민간인이 간단한 서류만 작성하면 누구나 방문할 수 있는 전망대다. 넓은 주차장에는 수백 대의 자동차들이 꽉 차 있었다. 주차장에는 여름휴가를 온 듯한 관광객들이 반바지 차림으로 활개 치고 있었고, 그 옆에는 '나를 넘어, 세상을 향해'라는 깃발을 들고 충남대학교 국토대

* **남북경협** 통일을 대비하고 민족경제를 균형적으로 발전시키기 위한 남한과 북한 간의 경제 협력. 주요 합의내용으로는 경의선 철도·동해선 임시도로 연결, 개성공단 건설 착공, 임진강 수해방지 및 임남댐 공동조사 등이 있다.

장정단이 지나가고 있었다. 주차장 옆에는 식당 건물이 있었는데, '냉면' 아닌 '랭면'을 판다고 광고하고 있었다. 통일전망대에 올라가보니 북한 지역을 배경으로 사진을 찍기에 가장 적합한 장소는 이미 사진업자가 독차지하고 있었다.

전망대 내의 매점에서는 평양소주, 뽕나무혹버섯술, 특용 장뇌삼술, 백두산가시오가피술, 룡북함나무버섯술 등 다양한 이름의 북한산 술들이 진열되어 있었다. 이름들이 신기해 진열되어 있는 북한 술의 이름을 메모하고 있으니 매점 종업원이 와서 가격을 적고 있냐고 따지듯이 묻는다. 그러는 사이 국토대장정을 온 대학생 하나가 평양소주를 한 병 사갔다. 통일전망대에서는 통일의 상품화가 급격히 진행되고 있었다.

점심시간이 지나면서 조금씩 내리던 비가 거세게 쏟아지기 시작했다. 세차게 몰아치는 비 때문에 다음 일정인 고진동 계곡으로 가기가 다소 무리인 듯했지만, 비를 맞고서라도 고진동 계곡에 기어이 가겠다는 우리의 의지를 꺾지는 못했다.


## 어떤 위문이 필요할까?

고진동 계곡으로 가는 길은 어김없이 가파른 산길이었다. 우리 일행은 지프를 타고 장대같은 비가 쏟아지는 산속의 비포장 길을 덜컹거리며 달려갔다. 이런 길에는 이제 제법 익숙해져서 우리는 지프 뒤쪽에 앉아 군대에 관한 크고 작은 일들을 이야기할 정도의 여유가 생겼다.

요즘 인터넷에는 군대에 간 아들을 기다리는 엄마들의 모임인 군화모 카페도 있고, 남자친구들을 기다리는 여자들의 모임인 고무신 카페도 있다는 이야기가 나왔다. 고무신 카페에서는 군대에 있는 남자 친구에게 선물을 보낼

때는 고참에게도 선물을 같이 보내야 한다는 생활의 지혜(?)들이 소개되고 있단다. 나중에 고무신 카페에 들어가보니 '사랑하는 사람들을 군대에 빌려준 사람들의 모임'이라는 설명을 볼 수 있었고, 카페의 멤버 수가 무려 24만 2,429명이라고 적혀 있었다. 아마도 이렇게 많은 사람들이 군대에 남자친구를 빌려주고 있었나 보다. 아니면 이 카페에는 전·현직 애인들이 다 있나 보다.

전에 국방부 관계자로부터 장병들의 사기 진작용으로 운영되는 위문열차 공연이 고민거리라는 얘기를 들은 적이 있었다. 위문열차 공연은 연예인들이 출연해 춤이나 노래 등으로 군인들의 노고를 위로하는 프로그램인데, 비용도 많이 들 뿐만 아니라 과연 위문이 되는가에 대한 회의적인 시각도 있어서 폐지 여부를 고민한다고 했다. 이런 이야기가 오가자 앞자리에서 우리를 인솔하던 신 중위가 대화에 끼어들었다. 서강대에서 신문방송학을 전공한 신 중위는 철학에 관심이 많은 군인이었다. 신 중위는 연예인들이 나오는 프로그램은 장병들의 사기 진작에 도움이 되지 못하며, 보다 정신적으로 양식이 되는 프로그램을 많이 제공해야 한다고 주장했다.

위문열차에 대한 고민을 들으며 군인들에게 위문이란 무엇일까를 생각해 본다. 내가 초등학교와 중학교를 다닐 때는 학교에서 군인 아저씨들에게 보내는 위문편지를 의무적으로 썼던 기억이 난다. 이름도 모르고 얼굴도 모르는 군인 아저씨에게 나라를 지켜주셔서 고맙다는 의례적인 내용의 편지를 쓰곤 했었다. 일전에 보도를 보니 이제는 위문편지는 대부분 사라지고 위문품이 대세를 이루는데 위문품의 종류도 시대에 따라 많이 변했단다. 1970년대에는 과자류가, 1980년대에는 컬러TV가, 1990년대에는 세탁기가, 2000년대 초에는 PC가, 그리고 요즘은 러닝머신 등의 운동기구가 가장 인기 품목이란다. 군대에서 세탁 문제를 경험해본 사람이라면 너무나 쉽게 짐작할 수 있듯이 세탁기가 전방 부대에서 요긴하게 쓰일 것은 분명해 보인다. 인터넷 세대

앞의 사진 단풍을 기다리며 고진동 계곡의 단풍을 본 이는 별로 없지만 한번 본 사람이라면 모두들 최고의 단풍이라 입을 모은다. ⓒ조우혜

에게는 PC도 필수품일 것이다. 하지만 훈련으로 단련해야 할 군인들이 러닝머신을 이용하는 모습은 어색해 보이는 것도 사실이다. 위문편지와 위문품이 과연 군 장병들을 위로할 수 있을까? 위문열차 공연의 화려함이 군인 장병들을 진정으로 위로할 수 있을까? 아마도 위문품이나 위문공연보다 장병들을 더욱 위하는 방법은 그들이 자신들의 복무생활을 자랑스럽게 여길 수 있도록 하는 일일 것이다.

빗속을 1시간여 달려 고진동 계곡에 도착했다. 민통선 이내 지역이라 주위는 한적하기 그지없고, 사방은 태백산맥의 산줄기로 빼곡히 둘러싸여 있었다. 소대장의 표현에 의하면 맑은 날 고진동 계곡에서 바라보는 밤하늘에는 이루 셀 수 없을 정도의 수많은 별들이 은하수를 이루어 흘러 다니고, 가을이면 보이는 모든 곳에서 눈이 부신 단풍들이 춤을 춘다. 그러나 이 아름다운 계곡에도 어김없이 철책은 들어서 있고 곳곳에 경계초소가 설치되어 있다. 지금까지 우리가 방문한 비무장지대 지역은 거의 모두 높은 곳에 위치한 관측소나 경계초소였다. 관측소에서 북쪽을 보면 비무장지대가 있고 군사분계선 너머 북한 땅이 펼쳐져 있으며, 곳곳에서 북한군의 GP나 관측소를 볼 수 있었다.

그런데 고진동 계곡은 달랐다. 철책 바로 앞에는 커다란 산이 가로막고 있고, 산 너머에 무엇이 있는지 철책 앞에서는 알 수가 없다. 오늘 밤도 우리 장병들은 보이지 않는 적을 막기 위해 한밤을 지새울 것이다.

고진동 계곡의 바로 옆에는 철책을 경계하는 소대의 생활관이 자리 잡고 있었다. 신세대 장병들에게 적합하도록 설계된 침대형 생활관이었다. 화장실에 들어가보니 병영생활 상담실을 운영하니 적극 이용하라는 안내판이 곳곳에 걸려 있다. 그 안내판에는 대대장, 주임원사, 인사과장, 군의관, 중대장, 행정보급관의 휴대전화 번호와 일반전화 번호, 그리고 전자메일 주소가 차례로 적혀 있었다. 상명하복의 종적인 커뮤니케이션이 특징인 군대에서 계급을 뛰어넘는 횡적인 커뮤니케이션을 위한 노력이 진행되고 있었다.

그러나 상황은 쉽지 않아 보였다. 이 지역은 민간인과는 완전히 단절된 곳이다. 물론 위성TV로 사회와 접촉할 수 있으나 휴가나 외박 등의 특별한 경우가 아니면 대면접촉은 불가능하다. 사방은 높은 산으로 둘러싸여 있다. 휴대전화를 보니 통화권 이탈이라는 문구가 나온다.

오후부터 거세지기 시작했던 비는 더욱 거세졌다. 고립된 지역, 고립된 군인, 보이지 않는 적, 그리고 고립되었을 것 같은 영혼들……. 그들을 지금 이 자리에 있도록 지탱해주는 것은 무엇일까?

다음 날 고성군청을 지나 건봉사를 보고 서울로 향했다. 다시 진부령을 넘어 서울로 오는 길은 마치 조그만 계곡물이 모여서 하천을 이루고 다시 하천들이 모여서 강을 만드는 과정을 관찰하는 여행처럼 느껴졌다. 마침 우리 일정 내내 비가 많이 내린 탓이라 개천이 모여서 강을 이루는 모습을 더욱 또렷하게 볼 수 있었다. 강원도의 깊은 산골에서 흘러내리던 흙탕물은 홍천 근처에 오면서는 벌써 흙탕물 색깔이 옅어지더니 서울 부근에 와서는 흙탕물 기운은 대부분 없어지고 보통의 물 색깔이 되었다. 아마도 언젠가 있을 통일도 처음에는 흙탕물처럼 어지러울 것이다.

# 얄궂은 '이념 장난'에 지역 살림 휘청

높은 성高城에선 하늘도, 땅도, 바다도 한 폭의 그림처럼 보인다. 강원도 고성의 가장 높은 곳 717관측소에서 바라본 풍경은 그래서 더할 나위 없이 매혹적이다. 적벽산·벽돌산·가마봉이 작심한 듯 에워싸고 있는 금강산 동쪽 마지막 봉우리 구선봉은 우아한 기품이 있다.

　바로 밑에 위치한 수심 1m의 감호는 수줍게 일렁이고, 오른편에선 동해가 당차게 출렁인다. 바다 위엔 복선암·작도·외추도 등 크고 작은 섬들이 점점이 떠 있다. 그야말로 비경이다.

## 절경 뒤에 숨어 있는 단절의 흔적

　그러나 제아무리 빼어난 경치면 무엇 하랴? 군사분계선에 막혀 봉우리에 오를 수도, 바닷물에 몸을 담글 수도 없다. 우리가 할 수 있는 일은 연방 감탄

사를 내지르는 것뿐이다. 속 편하게 발 디딜 조그만 땅조차 없다는 얘기다. 남북 분단은 천혜의 환경을 '그저 바라볼 수밖에 없는' 비운의 땅으로 전락시켰다. 충격적인 것은 더 있다. '아홉 신이 놀았다'는 구선봉엔 북측의 갱도 진지가 구축돼 있다.

군█ 관계자에 따르면 감청시설이 들어서 있는 봉우리도 있다. 뭇사람을 홀릴 만한 절경. 하지만 그 뒤편엔 단절의 흔적이 너무도 또렷하다. 남쪽 최북단의 조그만 군█ 고성의 얄궂은 비애다. 강원도 동북부에 위치한 고성. 북쪽으론 금강산, 동쪽으론 동해와 연결된다. 서쪽엔 금강산·향로봉을 연결하는 태백산맥이 쭉 뻗어 있다. 해안선엔 송지호·화진포 등 바다호수가 장관을 연출한다. 예로부터 고성은 사시사철 시들지 않는 어여쁨으로 명성을 떨쳤다. 남한 최북단 바다호수 마을 화진포와 관련된 시구절을 보자.

가득 찬 호수에 물결도 잔잔하니 아름다운 배에 비단 실은 것 같네
무릇 호수의 경치를 알아야 하니 신선 이름 아니라 꽃 이름 붙였네
백 가지 꽃 피는 호수 맑은 물이라 화진포 한쪽을 다투는 것 같네
때로는 거센 파도가 일어나더니 잠시 후 고요한 거울이 되노라

(송도삼절 최립의 시)

호수 명칭에 꽃 이름을 붙여야 할 정도로 아름다운 고성. 고성군이 '자연경관 등을 최고 자원으로 육성하자'는 목표를 세운 이유다. 푸른 청정 환경 그리고 문화유적을 잘 살려 군 경제를 살리겠다는 것이다.

사실 그것 외엔 뾰족한 방법이 없다. 고성군의 70% 이상은 임야다. 농경지는 8%에 불과하다. 농경으로 지역경제를 육성하기엔 불모지가 너무 많다. 기업 수가 많은 것도 아니다. 2009년 8월 현재 이 군에 둥지를 튼 사업체는

금강산 구경 고성에서는 금
강산이 남의 땅, 남의 동네
이야기가 아니다. 금강산 가
는 길이 막혀 있는 요즘, 고
성은 심각한 경제적 타격을
입고 있다. ⓒ조우혜

2,542곳에 불과하다. '자연을 관광자원화 하겠다'는 군의 야심 찬 목표는 어
쩌면 이런 냉혹한 현실을 반영하고 있을지 모른다.


## DMZ박물관, 세계적 명소로

군은 무엇보다 화진포·송지호·광포호 등 바다호수의 관광자원화에 전
력을 기울인다. 화진포 관광지엔 41억 원을 들여 생태박물관을 짓고, 송지호
인근엔 호수 순환도로를 개설한다. 삼포·문암 관광지 주변엔 다목적 광장을

설치하고, 해안도로 개설도 연내 추진할 계획이다.

산불 피해지 98ha를 산림자원화 하는 저탄소 미래 숲 조성작업도 눈길을 끈다. 왕벚나무가 아름답게 깔리는 녹색거리도 1억 원을 투입해 조성한다. 문화유적 복원사업으론 왕곡마을(국가중요민속자료 제235호) 가옥 보수, 건봉사(지방기념물 제51호) 대지전 복원, 문암 선사유적지(국가중요사적지 제426호) 유적공원화 등이 있다.

안보관광도 한몫 거든다. 고성군은 그간 금강산 육로관광, 남북 동해선도로 및 철도출입국사무소, 한국전쟁체험관, 통일전망대와 화진포 역사안보전시관, 이승만 대통령 화진포 기념관, 김일성 별장 등을 안보관광자원으로 활용, 관광객을 유치했다. 2009년 8월엔 2년 6개월여의 공사 끝에 DMZ박물관을 개관했다. 이 박물관은 445억 원(국비 220억 원, 도비 225억 원)을 들여 13만 9,114㎡ 부지에 지상 3층 규모로 건립됐다. 전시관·영상관·다목적센터 등 각종 관광시설을 갖추고 있다.

군은 DMZ박물관 개관의 여세를 몰아 'DMZ평화통일대제전(가칭)'도 창설할 계획이다. DMZ를 중심으로 남북 고성군의 통합 염원을 담을 수 있는 축제를 만들겠다는 것이다. 여기엔 고성을 DMZ 관광거점으로 도약시키겠다는 꿈도 깔려 있다. 군 관계자는 "고성은 DMZ박물관 개관을 계기로 과거·현재·미래가 공존하는 관광지로 거듭날 것"이라며 "이를 통해 남북 통일시대를 대비한 세계적 관광명소로 자리 잡을 전망"이라고 말했다. 하지만 이것만으론 고성경제가 활짝 펴기 어렵다. 각종 지표를 보면 그렇다. 고성군의 연 재정규모는 2,000억 원을 조금 넘는다. 재정자립도는 12.6%로, 강원도 18개 시·군 가운데 15위다. 군사시설보호구역은 65%에 이른다. 게다가 남북관계에 가장 큰 영향을 받는 곳이다. 지난해 금강산 육로관광이 막히자 고성 경제가 추락을 거듭한 것이 이를 잘 보여준다.

단체 관광객으로 즐거운 비명을 지르던 고성군 현내면 국도 7호선 주변 음식점들은 금강산 육로관광이 중단되자 폐업 위기에 몰렸다. 한국 음식업중앙회 자료를 보면 지난해 7월 금강산 관광이 중단된 뒤 1년간 문을 닫은 이 지역 음식점은 전체(697곳)의 38%에 이르는 264곳이다.

피해액도 어마어마하다. 고성군이 피해액을 집계한 결과에 따르면 금강산 관광 중단으로 음식점들은 월 27여억 원을 손해 봤고, 종사자 700여 명이 일자리를 잃었다. 남북관계 경색이 고성 경제를 완전히 짓밟았다는 얘기다. 고성군이 지방세 징수를 미루고, 군비 6억 6,000여만 원을 들여 산림 가꾸기·산불 감시 관련 일자리를 만든 이유다.

정부에 특별교부세 지원을 요청한 것도 이 때문이다. 군 관계자는 "고성 경제는 남북관계에 따라 냉온탕을 오간다"며 "금강산과 가장 가까운 곳이라는 지리적 이점도 물론 있지만 단점도 그만큼 많다"고 말했다. 남북평화가 고성 경제를 뒷받침하는 핵심 변수라는 것이다.


## 이데올로기, 절경을 삼켰다

2007년 고성 고진동 계곡에선 '어린 연어 방류행사'가 열렸다. 방류된 연어들은 군사분계선을 유유히 넘어 남강으로 향했을 게다. 하지만 언제 되돌아올지 모른다. 기약 없는 길을 떠난 셈이다. 연어들의 귀환을 기다리기 지쳤는지, 어린 연어 방류터에는 잡초가 무성하다.

남북 분단의 냉혹한 현실에 심신이 닳아버린 고성의 현주소를 그대로 보여주는 것 같다. 고성은 남북이 공존해야 살아남을 수 있다. 이곳에서 통용되는 '생의 법칙'은 평화다. 평화무드가 흐르면 고성 경제엔 봄바람이 깃든다. 반대로 평화가 깨지면 침체의 늪에 빠지게 마련이다. 이데올로기가 신이 내

DMZ 高城 고진동계곡
어린연어 방류의 터

고진동 계곡의 끝자락 비무 장지대를 휘돌아 북쪽의 남강 으로 합류해 바다로 나간다. 여기에 연어의 치어를 방류하 면 다 자란 연어들이 북한 사 람들의 잔칫상에 오를 것이 다. ⓒ조우혜

린 풍경을 집어삼키고 있는 게 고성의 현실이다. 고성을 사이에 두고 남북이 꼿꼿하게 세워 놓은 이념의 벽, 그것이 문제다. 그 벽이 얇아지고 그 벽이 무 너지는 날, 고성은 그제서야 진짜 평온을 찾는다.

# 금강산 가는 길목에서

한반도에는 세 개의 고성군이 있다. 공룡으로 유명해진 경상남도의 고성군이 그 하나요, 강원도 최북단의 명태로 유명한 고성군이 둘이며, 금강산으로 유명한 북한의 고성군이 마지막 셋이다. 강원도의 고성군은 38선이 생기면서 북쪽의 땅이 되었다가 6.25 이후 상당 부분이 수복되면서 현재의 고성군이 되었으나 본래의 고성읍 지역은 여전히 북한의 땅으로 남아 있다. 그래서 남한의 고성에는 고성읍이 없다. 남한의 고성군은 인구 3만여 명의 작은 동네지만 북한의 고성군은 인구 10만이 넘는 큰 고장이다.

## 명태도 관광객도 사라진 고성

고성군은 해마다 인구가 줄어드는 대표적인 농어촌 지역이다. 토착 인구만 줄어드는 것이 아니다. 온난화의 여파로 동해의 수온이 상승하면서 고성의 특산품인 겨울 명태도 사라졌다. 명태 없는 명태 축제가 고성에서 해마다 열린다.

사라진 명태보다 고성 사람들에게 더 큰 고통을 안겨주는 건 사라진 관광객들이다. 1998년 11월 시작된 금강산 관광이 지난 2008년 7월 중단되면서 고성군은 그야말로 폭격을 맞은 것처럼 지역경제가 크게 위축되었다. 금강산 관광으로 한때 버스가 북적이던 고성 지역의 7번 국도는 지금 예전처럼 가장 한산한 국도 가운데 하나가 되었다.


## 진부령과 건봉사

설악산을 넘어 동해로 가는 길은 세 갈래다. 제일 남쪽에 있는 고개가 한계령으로 양양군에 닿는 길이다. 중간에 있는 고개가 미시령으로 그 끝에 속초가 있다. 제일 북쪽의 고개가 진부령으로 강원도 최북단 고성군으로 이어진다. 백담사 앞을 지나면서 시작되는 진부령 좌우측에는 족히 수십 개는 넘을 황태집들이 도열해 있다. 겨울이면 수백 마리의 황태들을 널어 말리는 덕장들이 길가 밭에까지 만들어져 지나다니는 사람들의 눈길을 사로잡는다. 풍광 자체가 다른 곳에서는 볼 수 없는 것이다.

진부령 꼭대기에 있는 알프스리조트의 풍광 또한 다른 곳에서는 보기 어려운 것이다. 알프스리조트는 이름 그대로 우리나라에서 가장 유럽적인 낭만이 깃든 사계절 종합 휴양지다. 한국스키박물관을 비롯한 스키장 시설이 기본으로 들어서 있고, 수영장과 썰매장 등 사계절 휴양에 필요한 시설들도 잘 갖추어져 있다.

알프스리조트를 넘어 동해로 향하다 보면 좌측으로 건봉사 가는 길이 나온다. 백두대간의 가장 빼어난 절경이 진부령에서 건봉사 가는 길까지 길게

신종 플루 비는 내리고 신종 플루는 돌고 있다. 마스크를
쓴 병사들을 지나면 화진포로 이어진다. ⓒ조우혜

이어지는데, 길이 좁고 가팔라도 전혀 지루할 틈이 없다. 지금의 건봉사는 아무런 출입절차 없이 누구나 들어갈 수 있는 곳이지만 얼마 전까지도 민통선 지역이었기 때문에 천혜의 자연환경이 잘 보전되어 있다.

건봉사는 서기 520년에 아도화상이 창건한 사찰이라고 하니 연륜으로 치자면 1,500살 가까이 된 고찰 중의 고찰이다. 설악산의 신흥사며 백담사를 말사로 거느리고 있던 우리나라 4대 사찰 가운데 하나였다고 하는데 지금은 널찍하게 남겨진 빈터만이 그 시절의 웅장했던 가람을 짐작케 한다. 건봉사의 수많은 전각들은 6.25전쟁 때 모두 불에 타 소실되었고, 절 입구의 불이문만이 유일하게 예전의 모습을 간직하고 있다.

건봉사는 임진왜란 때 사명대사가 승병들의 구국 봉기를 일으켰던 호국사찰이기도 하다. 현재의 대웅전을 정면으로 바라보고 서면 그 우측 담장 너머로 널따란 공터와 샘물의 흔적이 있는데 말하자면 승병들이 연병장으로 사용하던 터라는 전설이 있다. 공터밖에 남아 있지 않아 관광객들은 아예 가보지도 않는 곳이다.

사명대사는 또 당시 왜군들이 오대산 월정사 등지에서 강탈해 간 부처님의 진신 치아사리를 도로 찾아와 이곳 건봉사에 모시기도 했다. 진신 치아사리는 세계에 모두 15과가 있는데 이 중 3과가 스리랑카에, 나머지 12과가 우리나라, 그것도 건봉사에 모셔져 있다. 12과 중 5과를 도굴꾼에게 내주었고 나머지 8과 중 5과를 일반인들이 친견할 수 있도록 전시하고 있다.


## 통일전망대와 DMZ박물관

건봉사 뒤쪽의 고진동 계곡은 가을 단풍이 가장 빼어난 곳이다. 필자가 찾아간 한여름에도 계곡은 깊고 차고 맑아서 청량함을 한껏 발산하고 있었다.

이 계곡의 물은 비무장지대를 지나 북한의 남강으로 흘러간다. 아쉽게도 민간인들은 출입할 수 없는 곳이다.

건봉사를 나와 화진포 해수욕장으로 가는 방법은 두 가지다. 하나는 진부령에서 화진포로 이어지는 46번 국도를 다시 타는 방법이고, 다른 하나는 건봉사 우측에 있는 군부대 검문소를 통과해 곧장 화진포로 빠지는 방법이다. 신분증을 보여주고 이름을 적어야 하는 등의 간단한 절차가 필요하지만 후자의 방법을 추천한다. 길도 빠르거니와 민통선 안쪽의 살아 있는 산과 계곡의 비경을 즐길 수 있다.

화진포 해수욕장 주변에는 김일성 별장이며 이승만 별장, 해양박물관 등의 관광 시설들이 밀집되어 있다. 동해안의 뛰어난 풍광이 집약된 곳이고, 해저 터널 등이 구비된 해양박물관은 아이들을 위한 최고의 체험학습장이다.

화진포에서 7번 국도를 타고 북으로 올라가면 명파리라는 마을에 닿는다. 최북단 초등학교, 최북단 해수욕장, 최북단 식당 등 모든 것에 최북단이라는 수식어가 붙는 마을이다. 여기서 북쪽으로 더 올라가면 최근 문을 연 DMZ박물관과 통일전망대가 있다. 금강산 관광을 위해 월경하는 사람들이 출입국 수속을 하던 남북출입사무소 건물이며 휴게소 등이 텅 빈 채로 남아 있다.

통일전망대는 최북단 전망대이자 해금강의 비경을 한눈에 볼 수 있는 곳이어서 해마다 수많은 사람들이 찾는다. 고성군의 필수 관광 코스이기도 하다. 인근에 있는 금강산전망대(717OP)에서 보는 풍광이 더 수려하긴 하지만 민간인들에게는 개방하지 않는다.

통일전망대를 지나 버스로 10분만 가면 북한의 출입사무소에 닿는다. 이 길이 다시 열리는 날, 통일로 가는 길도 그만큼 당겨질 것이다.

판문각

파주

판문점
진서면
군내면
제3땅굴
도라전망대
도라산역
임진각
반구정
장단면
임진강
탄현면
헤이리
오두산통일전망대
한강
교하읍
파주출판도시
월롱면
금촌동
조리읍
파주읍
화석정
허준 묘
진동면
파평면
법원읍
적성면
광탄면

372
37
78
371
367
364
56
56
78
360
359
359
363
23
359
360
1
56
363
98
78

파주

# 파주에서 그려보는 한반도의 미래

지난 봄 5월 19일은 민통선 기행을 처음 떠난 날이었다. 김포와 강화에서 시작한 기행은 연천, 철원, 화천, 양구와 인제, 그리고 고성을 거쳐 가을의 입구인 9월 3일 마지막으로 남아 있는 파주로 향했다.

여행 일정을 이렇게 잡은 이유는 판문점을 찾아가는 것으로 기행을 마무리하자는 계획에 따른 것이었다. 서부전선에서 중부전선을 거쳐 동부전선으로 갔다가 분단의 상징적 장소인 공동경비구역(JSA·Joint Security Area)에서 기행 전체를 돌아보는 것도 나름대로 의미가 작지 않을 것으로 생각했다.

공동경비구역으로 가는 길이 내게 낯선 것은 아니다. 직장이 서울 서부지역에 있는 터라 자유로를 탈 기회가 제법 많았기 때문이다. 일산에 사는 친지들을 더러 방문하기도 했고, 오두산전망대, 임진각, 그리고 헤이리 등으로 바람을 쐬러 가기도 했다.

한강 하류를 쫓아 이어진 자유로 주변 지역은 오래 전 대학시절의 애틋한

앞의 사진 무거운 침묵 공동경비구역 JSA는 분단을 상징하는 공간이자 남북의 소통 공간으로 이용되는 곳이다. 남과 북의 두 병사가 마주 보고 있는 긴장의 순간이다. ⓒ 이상엽

기억이 남아 있는 장소이기도 하다. 1980년대 초반 대학과 대학원을 다녔을 때 강의가 없는 날이면 때로는 친구들과, 때로는 혼자 경의선을 타고 백마역 주변으로 놀러 가곤 했다. 신촌역에서 기차를 타고 수색역과 능곡역을 지나 백마역에 내리면 주점들이 더러 있었다.

시대적 상황의 탓도 없지 않았지만 누구든 20대란 근원을 알기 어려운 상처들을 품고 있는 시절인지라 20대 초반의 나 역시 당시 백마역 주변을 적잖이 배회했다. 지금은 아파트 단지로 가득 차 있지만 80년대 초·중반 한적했던 백마역에서 한강이 내려다보이는 제방까지 무작정 시골길을 따라 걸어갔던 기억이 여전히 생생하다.

## 공동경비구역으로 가는 길

이른 아침 바람에 가을을 느낄 수 있는 9월 초 우리는 자유로를 탔다. 난지도와 행주산성을 옆에 끼고 강 건너 김포를 바라보며 오두산전망대 방향으로 향했다. 강변에 철책이 쳐져 있지만, 한강과 임진강이 만나는 이곳은 우리 역사에서 무척 뜻깊은 곳이다.

바로 이 한강 유역을 차지하기 위해 오래전 고구려·백제·신라가 쟁패를 벌인 바 있었고, 고려 시대부터는 예성강을 포함해 여기 한강 하구가 새로운 경제·사회적 중심지로 부상했다. 조선 시대에는 강화만에서 조강을 거쳐 한강 어귀로 들어와 마포나루로 향하는 황포돛배의 뱃소리가 가득했을 것이다.

한강과 임진강이 합류하는 지점에 위치한 오두산전망대는 광개토대왕이 백제를 공략할 때 거점이 됐던 그 유명한 관미성으로 알려져 있기도 하다. 이 전망대에 서면 김포반도와 조강은 물론 북한 개풍군이 한눈에 들어온다. 민통선 기행의 첫 장소였던 저 멀리 김포 전류리 포구와 애기봉전망대를 바라

통일열차 끊어진 옛 철교 좌측으로 신철교가 만들어졌고, 그곳을 이용해 개성에서 출발한 열차가 도라산역을 경유해 임진강역으로 들어오고 있다. 더 많은 왕래가 통일의 지름길이다. ⓒ조우혜

볼 수 있는 곳이기도 하다. 지난 5월 중순 한강 하류에서 시작한 기행은 이제 다시 이곳으로 돌아와 긴 여정을 마무리하고 있는 셈이다.

자유로를 따라가며 지난 여정을 돌아보는데 어느새 공동경비대대에 도착했다. 공동경비대대는 판문점, 다시 말해 공동경비구역을 경비하는 부대다. 국군과 유엔군이 함께 있는 부대인 만큼 여느 부대와는 분위기가 다소 달랐

다. 마치 미군 부대에 온 것 같은 이국적인 느낌을 받았다.

간략한 브리핑을 받고 우리는 곧바로 판문점으로 향했다. 뜻깊은 순간이었다. 그 동안 강화에서 고성까지 민통선 기행을 하면서 한 번도 비무장지대 안으로 들어가본 적은 없었다. 여기 파주에 와서야 비로소 비무장지대 안으로 들어가게 된 것이다. 남방한계선을 지나 철책 안으로 들어갈 때 감회가 새롭지 않을 수 없었다.

비무장지대 안은 물론 민통선 지역과 크게 차이가 없었다. 자연은 있는 그대로 보존돼 있었고, 늦여름의 깊은 정적 속에 매미 울음소리만 높았다. 동행한 관계자로부터 비무장지대 안에 위치한 우리의 대성동 마을과 북한의 기정동 마을에 대한 설명을 들었다. 창밖으로 멀리 보이는 높은 깃대 위에 펄럭이는 태극기와 인공기가 이곳이 비무장지대임을 알려주고 있을 뿐이었다.

공동경비구역에 도착해 자유의 집을 거쳐 군사정전위원회 본회의장 앞에 섰다. 건물 가운데로는 바로 군사분계선이 가로지르고 있었으며, 건물과 건물 사이의 그것은 낮은 높이의 표지석으로 표시돼 있었다. 언론 보도를 통해 익히 알고 있는 장소였지만, 막상 직접 군사정전위원회 본회의장 밖과 안의 풍경을 지켜보니 전쟁의 비극과 분단의 현실을 절감하지 않을 수 없었다.


## 현실의 안보와 이상의 평화

여기 판문점은 우리말로 널문리라고 한다. 사전을 찾아보니 1945년 8월 15일 해방 이전의 행정구역으로는 경기도 장단군 진서면 어룡리였다. 서울에서 북으로 약 50km, 개성에서 동으로 약 10km 지점인 북위 37도 57분 20도, 동경 126도 40분 40도에 위치해 있다.

한국전쟁 전 이곳은 이름조차 거의 알려지지 않은 한적한 시골이었다고 한다. 하지만 전쟁이 한창 진행 중이었던 1951년 10월 25일 여기 판문점에서 휴전회담이 열리면서 세계적으로 널리 알려지게 됐다. 그리고 1953년 7월 27일 휴전협정이 조인되면서 이곳의 명칭은 유엔 측과 북한 측의 '공동경비구역'으로 결정됐다.

이후 판문점은 격동하는 남북관계의 한가운데 놓여 있었다. 1953년 8월부터 9월까지의 포로교환이 여기서 이뤄졌고, 1971년 8월 남북적십자 예비회담, 1972년 7월 7·4공동성명 등으로 세계의 주목을 끌기도 했다. 1976년 8월 18일 북한 경비군에 의한 비극적인 도끼만행사건도 바로 여기 공동경비구역에서 발생했다.

1990년대에 남북관계가 개선되면서 판문점은 다시 국내외의 이목을 끌었으며, 이후 각종 남북회담의 장소로 활용돼왔다. 분단의 생생한 현장이자 분단 극복의 핵심 거점이 바로 여기 판문점이다. 몇 해 전 박찬욱 감독이 발표한 영화 〈공동경비구역 JSA〉는 이곳이 갖는 의미를 다시 한 번 주목하게 만들기도 했다.

자유의 집, 평화의 집을 포함해 공동경비구역의 이곳저곳을 찬찬히 지켜보니 더없이 착잡해졌다. 민통선 기행 내내 내 마음속에 놓여 있던 현실<sup>現實</sup>의 안보와 이상<sup>理想</sup>의 평화를 생각하지 않을 수 없었다. 현실의 안보와 이상의 평화 사이의 상생적 관계를 어떻게 모색할 것인가에 우리 사회의 미래, 다름 아닌 한반도 번영과 통일의 과제가 달려 있을 것이다.

한반도의 평화정착은 현실적 조건을 고려할 때 단숨에 성취될 수 있는 것이 아니다. 오랫동안 분단과 통일에 관심을 가져온 문학평론가 백낙청이 강조하듯 점진적인 통일의 과정이 중요할 것이다. 다시 말해 긴장 완화와 평화정착을 위해서는 남북한 화해와 협력을 하나하나 차분히 모색하고 추진해가는 것이 정도일 것이다. 이를 위해 핵무기 포기를 포함한 북한의 태도 변화가

선행돼야 함은 물론이다.

공동경비구역에서 민통선 지역으로 돌아오면서 다시 한 번 더 비무장지대 풍경을 지켜봤다. 새삼 최근 한 국회의원의 제안이 떠올랐다. 지난 8월 한나라당 김영우 의원은 비무장지대의 평화적 이용과 생태계 보호를 위해 남북한 공동의 비무장지대 내 지뢰 제거를 제안한 바 있다.

이를 위해 그는 남북 당국 간 회담을 제의하고, 남북한 모두 대인지뢰금지 협약에 참여할 것을 촉구했다. 비무장지대를 평화적으로 이용하기 위해 지뢰 제거는 매우 중대한 과제다. 지뢰 제거를 통해 비무장지대를 생태와 평화 지역으로 다시 태어나게 하여 한반도의 새로운 상징으로 거듭나게 할 수 있기를 기원하지 않을 수 없었다.

## 도라전망대에서 떠올린 연암

공동경비대대를 나와 군내면에 위치한 도라전망대에 올랐다. 도라전망대는 1987년 일반인에게 공개된 서부전선 최북단 전망대다. 가까이에는 비무장지대가, 멀리는 개성공단과 개성시 그리고 송악산이 펼쳐져 있었다. 사이사이에는 1번 국도와 신1번 국도가 한눈에 들어왔다.

개성은 고려 시대의 수도다. 조선 시대에 들어와서도 개성은 나라 안의 대표적인 상업도시였다. 개성에서 기차를 타고 토성(개풍)에 도달하면 해주로 가는 길과 사리원으로 가는 길이 나뉜다. 사리원 방향으로 개성과 인접해 있는 곳이 금천군인데, 이 금천에는 연암골이 위치한다.

개인적으로 오래전부터 이 연암골에 한 번 가보고 싶었다. 이유는 연암燕巖이 다름 아닌 박지원의 호이기 때문이다. 이 땅에서 글을 쓰는 지식인이라면 연암 박지원에 관심을 갖는 것이 당연할 것이다. 나 역시 마찬가지였다. 대학

시절 연암의 산문들을 읽고 단숨에 매료됐고, 이후 연암과 그의 동료들에 대해 관심을 가져왔다.

영조와 정조 시대에 활동했던 연암은 전통사회에서 근대사회로 가는 길목에서 다산 정약용과 함께 가장 문제적인 지식인이었다. 그는 북벌론에 맞서 북학론을 제시해 상공업의 장려를 촉구한 정치가이자, 문체를 혁신해 한국적 산문의 새로운 지평을 연 문필가였다. 형암(炯庵) 이덕무, 영재(泠齋) 유득공, 초정(楚亭) 박제가, 척재(惕齋) 이서구가 그의 동료이자 제자였으며, 개화파의 선구자 박규수는 그의 손자였다.

연암이 남긴 숱한 명문 가운데 나는 특히 「기린협으로 들어가는 백영숙에게 주는 서(序)」를 좋아한다.


"그랬던 영숙이 이제 기린협(강원도 인제)으로 들어가 살려고 하매 송아지를 업고 들어가 길러서 밭을 간다고 하고, 소금도 메주도 없어서 돌배나 산아가위로 장을 담그리라 한다. 그 험준하고 궁벽한 품이 연암협과 어찌 비교나 할 수 있으랴."[박지원, 「은둔하게 만드는 세상」, 『그렇다면 도로 눈을 감고 가시오』, 김혈조 옮김(학고재, 1997)]


## 민통선 기행과 나라 사랑

이 글에는 친구 백영숙이 기린협으로 들어가 은둔하려는 것에 대한 연암의 심사가 담겨 있다. 우국충정을 품었으나 시대와의 불화 속에서 은둔을 선택할 수 없는 친구에 대한 안타까움을 연암은 담담히 술회하고 있다. 우리 선조들이 품었던 고결한 지조를 연암은 다음과 같이 기품있게 묘사한다.

"그런데 나 자신은 이럴까 저럴까 망설이면서 아직까지 거취를 결정하지 못하고 있다. 하물며 감히 영숙의 길을 만류할 수 있겠는가? 나는 그의 결정을 장하게 생각할지언정 그의 곤궁함을 가엾이 여기지는 않는다."(박지원, 윗글)

전망대를 내려오면서 지난 4개월 동안 민통선 기행에서 만났던 이 땅의 지식인들이 떠올랐다. 영재 이건창, 미수 허목, 박수근, 박인환과 김수영, 율곡 이이에 이어 여기 파주에 와서는 연암의 삶과 사상을 다시 한 번 생각해 보게 됐다. 이들 모두의 삶과 사상을 관통하는 것이 있다면, 그것은 다름 아닌 나라에 대한 사랑이었으리라.

물론 나라에 대한 사랑은 그 방식이 다를 수 있다. 율곡·미수·연암·영재로 이어지는 조선 시대 지식인의 나라 사랑이 우국충정이었다면, 박수근·김수영·박완서의 사랑은 이 땅의 평범한 사람들, 다시 말해 사회적 약자들에 대한 때로는 차분한, 때로는 열렬한 옹호였을 것이다. 지난번 고성 기행에서도 말한 바 있지만, 나라에 대한 사랑도 중요하고 동시에 그 사랑의 다양한 방식에 대한 인정도 중요하다.

그 가운데 가장 중요한 것은 바로 사랑 자체에 대한 자각이리라. 그리고 그 사랑은 인간만을 대상으로 하는 것이 아니라 풀과 나무, 숲과 강, 그리고 산과 바다에 대한 사랑을 포괄하는 것이리라. 민통선 기행을 마감하면서 나는 이번 기행이 내게 준 가장 큰 선물이 무엇인가를 다시 한 번 깨닫고 있었다.


## 도라산역에서 기다리는 유럽행 열차

제3땅굴을 구경한 다음 남북출입사무소를 방문했다. 남북출입사무소는 우리와 북한의 통행을 위해 설립된 통일부 산하 기관으로, 현재 파주시와 고성군에 각각 2개소가 있다. 오가는 방법은 해외로 출국하거나 입국할 때의 절차와 비슷한데, 법무부가 이 일을 맡고 있다.

최근 북한과의 냉랭한 관계가 반영된 듯 출입사무소는 비교적 한산해 보였다. 하지만 담당 공무원의 설명에는 활기찬 의욕이 느껴졌다. 개성공단을 위시해 남북한 경제협력은 통일로 가는 또 하나의 길이다. 통일은 정치적·군사적 과정만으로 이뤄지지 않으며, 여기에는 경제적·사회적·문화적 교류의 확대가 요구된다.

출입사무소 관계자의 안내를 받아 근처 도라산역으로 갔다. 장단면에 위치한 도라산역은 2000년 시작된 경의선 복원사업에 의해 2002년 2월에 만들어졌다. 2002년 2월 조지 W. 부시 미국 대통령이 방한했을 때 김대중 대통령과 부시 대통령은 이 역을 방문해 철도 침목에 서명하고 연설을 하는 행사를 가졌는데, 그 기념물들이 역 안에 보존돼 있다.

내게 가장 인상적이었던 것은 플랫폼 안내판에 써 있는 '남쪽의 마지막 역이 아니라 북쪽으로 가는 첫 번째 역입니다'라는 철도공사의 홍보 문구였다. 그 문구 아래에는 '서울 56km, 평양 205km'라고 써 있었다.

연천 신탄리역을 방문했을 때 유럽행 열차를 꿈꿨듯이 여기 도라산역에 서니 다시 한 번 유럽으로 가는 열차를 떠올리지 않을 수 없었다. 개성과 사리원을 거쳐 평양에 도달하고, 다시 살수대첩의 청천강과 '영변 약산 진달래꽃'의 영변을 거쳐 신의주에 도달해 압록강을 건너가는 상상을 해보지 않을 수 없었다.

하지만 현실로 돌아오면 한반도를 둘러싼 상황은 여전히 녹록지 않다. 남북관계와 한미관계를 기본 축으로 하여 여기에 한중·한일관계, 그리고 북미·북중·북일관계가 복잡다단하게 얽혀 있다. 앞서 말한 현실의 안보와 이상의 평화라는 팽팽한 긴장 아래 우리 사회가 놓여 있으며, 거기에 격동하는

동북아 사회가 또 하나의 동심원을 그리고 있다.

두말할 필요도 없이 한반도에서 군사적 긴장을 걷어내고 평화공존을 이루
는 것은 우리 사회에 부여된 최대 과제 중 하나다. 한반도의 평화정착 없이는
우리 민족뿐만 아니라 동북아의 평화와 번영도 불가능하다는 것은 너무도 자
명하다. 현실의 안보와 이상의 평화를 제로 섬 zero sum 의 관계로 볼 것이 아니
라, 안보도 강화하고 평화도 증진시키는 포지티브 섬 positive sum 의 관계로 변
화시키기 위한 새로운 전략과 기획을 모색해야 한다.

## 임진강변에서 돌아보는 민통선 기행

도라산역을 떠나 점심을 먹기 위해 반구정을 찾았다. 이곳은 조선 세종 때 정치가였던 황희가 만년에 갈매기를 벗삼아 여생을 보낸 곳이다. 굽이치는 임진강이 바로 내려다보이는 반구정은 율곡의 화석정과 함께 임강강변의 대표적인 정자다.

임진강변에 서서 새삼 여기까지 걸어온 민통선 기행을 다시 한 번 돌아보게 됐다. 처음에 이 기획을 제안 받았을 때에는 다소 망설였다. 휴전선으로부터 멀지 않은 경기도 양주에서 태어나 10여 년 동안 자랐기 때문에 비무장지대와 민통선 지역이 낯설지는 않았다. 하지만 전공이 사회학인 탓에 잘 알고 있지는 못했다. 고민에 빠지지 않을 수 없었다.

이 기행을 결심하게 된 것은 지난 2월 말 하와이대학으로 워크숍을 갔을 때였다. 와이키키 해변이 바라보이는 한 호텔에서 진행되는 세미나 시간에 내 눈앞에 펼쳐진 이국적인 풍경을 바라보는데 문득 어린 시절부터 더러 찾아갔던 숭뢰수로, 태풍전망대, 신탄리역, 그리고 철원과 화천 지역의 풍경이 떠올랐다. 바로 그곳에는 내 어린 시절과 젊은 시절의 기억이 숨 쉬고 있다.

나이가 들어 독일로, 미국으로 떠돌아다닌 이후 나는 점차 그곳으로부터 떠나왔다. 유학을 마치고 돌아와 더러 그곳들을 다시 찾아가보긴 했지만 나의 관심은 그곳으로부터 이미 멀어져 있었다. 하지만 그것은 잠시 의식의 수면 아래 잠겨 있었던 것뿐이었다.

김포에서 강화로, 그리고 고성까지 갔다가 마지막으로 찾은 파주의 임진강변에 와서 나는 지난 4개월의 여정에서 아버지를 다시 만나고, 어머니를 다시 만나고, 이 땅의 역사와 사회를 다시 만나고, 무엇보다 동시대인들의 삶과 희망을 다시 만나왔음을 생각하게 됐다. 때로는 감상이 넘쳐흐르기도 했고, 때로는 분단의 현실에 앞에 서서 현실주의자가 되기도 했다.

## 가슴에 담은 한반도의 미래

이제 여행의 끝자락인 임진강변에 서서 그동안 과연 내가 만난 것은 무엇이었나를 다시 한 번 돌아보지 않을 수 없었다. 내가 만난 것은 지나간 과거만이 아니었다. 내가 만난 또 하나의 세계는 다가오는 미래였다.

강화 인화리 바닷가에서 꿈꾸던 동북아의 공동 번영, 연천 신탄리역에서 기다리던 유럽행 기차, 철원평야와 화천 평화의 댐에서 고대하던 평화에의 소망, 양구 가칠봉전망대와 고성 금강산전망대에서 떠올리던 통일에의 꿈은 다가오고 또 열어야 할 미래임을 다시 한 번 깨닫게 됐다.

그렇다. 문제는 과거가 아니라 미래다. 지나간 것은 지나간 것이다. 과거가 의미를 갖는 것은 그것이 현재 속에서 다시 해석되고 미래의 방향을 모색하는 데 새로운 메시지를 던져줄 수 있을 때이리라. 여름이 막 지나가는 9월 초 임진강변에서 나는 한반도의 평화와 통일에의 꿈과 미래를 새롭게 발견하고, 그것을 가슴 저 깊은 곳에 담아두고 있었다.

오두산전망대가 보이는 곳에 내려 마지막 사진을 찍었다. 가까이 임진강변 철책이 눈에 들어왔다. 지난 5월 중순 강화 승천포에서 처음으로 철책 앞으로 걸어갔던 것이 떠올랐다. 철책도 낯설었지만 조용히 다가와 자연스런 포즈를 요구하는 이상엽 작가도 낯설었다. 자유로에 차들이 씽씽 달리는데 여전히 자연스런 포즈를 단호하게 요구하는 이상엽 작가가 이제는 더 이상 낯설지 않았다.

시선을 임진강변 철책으로 돌리고, 저 멀리 조강을 바라봤다. 찰칵찰칵 찍히는 사진들처럼 나를 둘러싼 모든 풍경들이 결코 바래지 않을 색깔로 마음 깊은 곳에 선명히 인화되는 순간이었다. 이 낯익고 정겨운 풍경들이 아주 오랫동안 내 마음속에 살아 있기를 기원하지 않을 수 없었다. 길었던 민통선 기행도 임진강변에서 이렇게 끝나고 있었다.

(2009. 9. 22)

# 공동경비구역에서 만난 용의자의 딜레마

이른 아침 시간에 택시를 타고 국방부에 가자고 하니 택시기사가 내게 군인이냐고 물어온다. 여러 비무장지대와 민통선지역을 다니다 보니 어느새 나에게서 군인의 향기가 나나 보다. 물음에 답하고자 비무장지대를 다녀와서 글을 쓰는 일을 하고 있으며 오늘은 마지막으로 파주에 간다고 하니, 택시기사의 아들이 파주에 있는 1사단에 근무한다는 이야기를 들려준다. 이른 아침에 만난 작은 인연이다. 사실 어쩌면 우리 국민들 대부분은 군인과 관련이 있다고 볼 수 있다. 2008년 기준으로 약 65만 명의 군인이 있다. 65만 명의 군인이 속한 가족이 4인으로 구성되어 있다면 군인의 직계가족만 260만 명이고, 만약 군인 한 명당 가까운 친인척이 10명만 있다고 하면, 군인 친인척들은 650만 명이다. 이 둘만 합쳐도 910만 명이다. 만약 군인 한 명당 가까운 친구가 10명만 있다고 해도 군인 친구만 650만 명이고, 가족과 친인척, 친구들을 합치면 1,560만 명에 달한다. 결국 우리 국민들 세 명 중의 한 명이 군인과 관계가 깊은 사람인 것이다. 여기에 군인과 관련된 산업이나 서비스업에 종사하는 국민들을 고려하면 국민 두 명 중의 한 명은 군인 및 군대와 관련이 있게 된다. 군인과 군대는 우리가 느끼지 못하는 사이에 평범한 시민들의 일상생활에 깊숙이 자리 잡고 있다. 구태여 국토방위의 중요성을 강조하지 않더라도 국방부의 간단한 정책이나 국방과 관련된 작은 이슈도 항상 주목의 대상이 되는 이유이다. 또한 국방부가 더욱더 열린 국방부가 되어야 하는 이유이기도 하다.

강북강변도로를 지나 자유로를 달리면 이제는 오랜 친구처럼 낯익은 철책이 길을 따라 같이 달리고 있고, 강 너머에는 북한 땅 개풍군도 우리와 같이 달리고 있다. "통일의 관문"이라고 쓰인 검문소를 지나 얼마가지 않아서 JSA 경비대대 캠프 보니파스Camp Bonifas에 도착했다. 태극기와 UN기가 동시에 펄럭이고 있었다. 마침 문산에서 통일촌을 왕래하는 93번 버스가 대대에 도착하는 모습이 보였다.

우리 일행은 모두 기자라는 완장을 차고, 경비대대에서 간단하게 현황 설명을 들었다. 캠프 보니파스 대대는 UN군 사령부의 작전통제를 받으며, 주된 임무는 공동경비구역을 경비하고 남북군사정전위원회의 활동을 지원하며, 또한 비무장지대 내에 있는 대성동 자유의 마을의 치안을 유지하는 일이다. 공동경비구역에서는 수많은 역사적 사건이 일어났다. 1976년에는 북한군이 미국군 장교를 도끼로 살해한 사건이 발생했다. 캠프 보니파스의 보니파스Bonifas는 당시에 살해되었던 미군장교의 이름이다. 1984년에는 소련의 특파원이 월남한 사건이 있었고, 1998년에는 당시 현대그룹 정주영 명예회장이 500마리의 소 떼를 몰고 이곳을 통해 방북한 바 있다. 또한 2007년 당시 노무현 대통령이 이 지역을 경유해서 북한을 방문하기도 했다.

캠프 보니파스에서 JSA를 가는 길에는 대성동 자유의 마을을 볼 수 있다.

이 마을에는 현재 50여 가구 200여 명의 주민이 살고 있다. 이 마을 주민들은 정부에서 제공한 토지에서 농사를 지으면서 살아가고 있다. 주민들은 토지에 대한 소유권은 없고 경작권만을 가지고 있으며, 여기서 생산한 농산물에는 면세 혜택이 주어지고 있다. 원칙적으로 외지인이 이 마을 주민이 되려면 결혼을 통해서 며느리로 들어오거나, 아주 드문 경우이지만 데릴사위로 들어오는 방법이 유일하다. 이 마을 주민의 지위를 유지하려면 1년 중 8개월 이상 주거해야 하는데, 다만 자녀교육을 위해 외지에서 부모가 자녀와 함께 생활하는 경우에는 주거요건에서 예외가 인정된다. 비무장지대에까지 침투한 한국인의 각별한 교육열을 반영하는 규정이라고 할 수 있다. 캠프 보니파스에서 공동경비구역으로 가는 길에는 비무장지대 내에서 미군이 주둔했던 지역을 볼 수 있다. 이 지역은 북한이 한국을 침범하는 경우 반드시 거쳐야 할 지점이기 때문에 소위 말하는 미군의 '인계철선'(전선에서 침입해 오는 적이 건드리면 폭발물 등을 터뜨려 적을 살상하거나 적의 침입을 알 수 있게 해주는 철선)이 있었던 지역이다. 1991년에 미군이 이 지역에서 완전 철수하여, 군사분계선 바로 밑에 있었던 고전적인 의미의 미군 인계철선은 사라졌다고 한다.

공동경비구역에는 군사정전위원회와 관련된 다섯 개의 조그만 건물들이 군사분계선에 남북으로 걸쳐 위치하고 있다. 남북으로 걸쳐 있는 건물들에서 각각 20m 정도 떨어진 곳에 동서 방향으로 북쪽 중앙에는 판문점이 있고, 남쪽 중앙에는 자유의 집이 있다. 우리 일행이 자유의 집을 거쳐 군사정전위 건물 앞에 당도했을 때 6~7명의 우리 경비병이 북쪽을 바라보며 경계근무를 서고 있었다. 모두 훤칠한 키에 짙은 색 선글라스를 끼고 있어서 이제까지 중동부전선에서 보아왔던 여느 군인들과는 사뭇 다른 느낌을 주었다. 항상 이렇게 경계를 서느냐고 물으니 방문객이 있는 경우에는 방문객을 북한군으로부터 보호하기 위해 경계병을 늘린다는 대답이 돌아왔다. 마침 북쪽의 판문점

민통선 풍경 파주는 급속도로 북을 향해 올라가고 있다. 도시의 팽창이 민통선을 북쪽으로 올려붙이고 있는 것이다. 아마도 북한과 가장 가까운 도시가 될 것이다. ⓒ조우혜

에서는 한 북한군 병사가 망원경을 통해 남쪽을 계속 감시하고 있었다. 비무장지대를 무수히 다녀보았지만 북한군을 이렇게 가까이 본 것은 처음이다. 눈앞의 북한군과 그들로부터 우리를 보호하는 국군에 둘러싸인 다소 생소한 상황이 잠시 지속되는 동안 머릿속에는 수만 가지 상념이 명멸하고 있었다.

군사정전위원회의 회의가 열리는 건물 안으로 들어갔다. 건물 바깥에서는 남북방향으로 걸쳐져 있는 건물의 중간에 군사분계선이 있기 때문에 그 선을 넘어가지는 못한다. 건물 안에는 군사분계선을 따라서 탁자가 동서방향으로 놓여 있다. 남쪽에서 북쪽을 바라볼 때 동서방향으로 놓인 탁자의 왼쪽 끝에는 북측 대표의 자리가 있고, 오른쪽 끝에는 남측 대표의 자리가 있다. 이 탁자의 가운데 선을 따라 마이크 세 개가 일직선으로 놓여 있다. 건물 내에서 탁자 위에 그려진 일종의 군사분계선이다. 그런데 건물 바깥과는 달리 건물 안으로 들어가면 이 군사분계선은 의미가 없어지고, 적어도 건물 내에서는 군사분계선을 넘어 북한 땅으로 자유롭게 드나들 수 있다. 이 건물에는 남쪽 뿐만 아니라 북쪽에서도 들어올 수 있는데, 북쪽에서 들어온 사람들도 남쪽에서 들어온 사람들과 마찬가지로 적어도 건물 내에서 만큼은 군사분계선을 지나 남쪽 땅을 자유롭게 오갈 수 있다. 이 건물에서 남쪽으로 향한 문을 열고 나가면 한국 땅이고, 북쪽으로 향한 문을 열고 나가면 북한 땅인 것이다. 남쪽에서 들어온 사람들은 남쪽 문으로 나가고 북쪽에서 들어 온 사람들은 북쪽으로 나간다. 우리가 건물 내에 있을 때 북쪽 사람들은 건물에 들어오지 않는다. 북쪽에서 사람들이 들어와 있을 때에는 남쪽 사람들이 건물에 들어가지 않는다.

우리가 건물 내에 있는 10여분 동안 두 명의 군인이 건물 내에서 우리를 보호하고 있다. 한 명은 북측 대표가 앉는 자리 뒤에서 동쪽을 바라보고 있고, 다른 한 명은 북쪽으로 통하는 문 앞에 자리 잡고 남쪽을 보고 있다. 역시 훤

칠한 키에 검은 색 선글라스를 낀 군인들이다. 경계병들은 허리를 약간 굽힌 채 마치 달리기를 시작할 때처럼 90도에 가까운 각도로 양팔을 굽히고 있었고, 옆에서 볼 때 핏줄이 보일 만큼 두 주먹을 불끈 쥐고 있었다. 그리고 우리가 건물 내에 있는 동안 미동도 하지 않고 그 자세로 서 있었다. 나중에 경계병들이 왜 그런 자세로 있느냐고 물어보니, 건물 내는 위험지역이고 따라서 만일의 사태가 발생할 경우에 대비하여 가장 즉각적인 대응이 가능한 자세를 유지하고 있는 것이란다.

분단의 생생한 현장을 피부로 온몸으로 느끼고 나서 공동경비구역을 빠져 나온 경제학자의 감회는 남다르다. 2008년 12월을 기준으로 북한은 119만 명의 병력을 보유하고 있고, 한국은 65만여 명의 병력을 보유하고 있다. 한국의 경우 인구 대비 군인의 비중은 1.35%이지만, 북한의 경우는 무려 5.13%에 달한다. 이외에도 북한은 770만 명의 예비병력을, 한국은 304만 명의 예비병력을 보유하고 있다. 예비병력까지 합친 경우 북한 인구의 38.3%가 병력이다. 2007년을 기준으로 북한의 국방비는 4.9억 달러로 전체 재정의 15.8%를 차지하고 있으며, 한국의 국방비는 264억 달러로 전체 재정의 15.5%를 차지하고 있다(환율 950원/$ 기준). 2006년을 기준으로 한국의 GDP 대비 국방비의 비율은 2.8%로 미국 4.0%, 러시아 4.1%보다는 낮지만, 일본 0.9%, 중국 1.3%, 독일 1.3%, 영국 2.3%보다는 높은 수준이다.

남북한의 군사비 지출은 절대금액에서는 차이가 나지만 재정의 15%이상을 국방비로 사용하고 있다는 공통점이 있다. 경제학적으로 볼 때 남북한 군사비 지출은 일종의 용의자의 딜레마 게임의 결과이다. 용의자의 딜레마 게임에서는 두 명의 범죄용의자가 각각 격리된 공간에서 범죄 혐의를 조사받고 있는 상황을 가정한다. 이때 용의자 둘 다 범죄사실을 고백하면 둘 다 범죄에 상응하는 형벌을 받게 되며, 둘 다 범죄사실을 부인하면 둘 다 가벼운 형벌을

북으로 향하는 경의선 금세 개성이고, 평양이고, 의주고, 베이징일 것이다. 그리고 몽골을 지나고 시베리아를 지나 유럽으로 들어갈 것이다. 기대된다. ⓒ조우혜

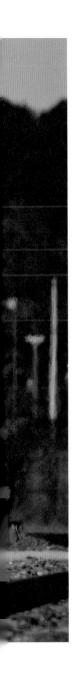

받는다. 만약 둘 중에 한 명만 범죄사실을 고백하면 그는 곧 석방이 되고, 범죄사실을 고백하지 않은 다른 한 명은 둘 다 범죄사실을 고백한 경우보다 더욱 큰 벌을 받게 된다. 이러한 상황에서 두 용의자는 모두 범죄를 고백하게 된다(상대방이 고백을 하던 하지 않던 간에 자기는 항상 고백을 하는 게 유리하다. 이는 상대방도 마찬가지이다). 만약 둘 다 범죄를 고백하지 않으면 둘 다 훨씬 더 적은 형벌을 받을 수 있음에도 불구하고, 둘 다 범죄를 고백하여 결과적으로 더 큰 형벌을 받게 된다는 것이다.

남북한의 군사력 증강문제도 용의자의 딜레마 게임으로 설명할 수 있다. 남북한 모두 군사력을 증강시키지 않으면 (경제학적으로 볼 때) 이는 남북한에게 모두 유리하지만, 실제로는 남북한 모두 군사력을 증강하는 방안을 선택하게 된다. 만약 한국이 군사력을 증강하지 않고 북한이 군사력을 증강하면 한국은 커다란 안보위협에 처하게 되기 때문이다.

이론적으로 볼 때 이러한 용의자의 딜레마 게임에서 남북한에게 모두 유리한 결과가 도출되려면 남북한이 서로를 신뢰할 수 있어야 한다. 한국이 군사력을 감축하는 경우 북한도 군사력을 감축할 것이라는 신뢰가 있으면 한국이 군사력을 감축할 수 있다는 것이다. 이는 북한의 입장에서도 마찬가지이다. 군사분계선 바로 너머에는 개성공단이 있고, 바로 아래에는 LCD단지가 있다. 국방비의 10%만 줄일 수 있다면 개성공단을 더욱 크게 하고, 더 많은 LCD단지를 만들 수 있을 것이다. 그러나 남북한 상호신뢰는 이론상의 이야기일 뿐 그동안 북한이 보여 온 예측불가능성으로 인해 우리가 북한에게 줄 수 있는 신뢰는 거의 없다고 해도 과언이 아니다. 적어도 단기간에 신뢰에 기반한 상생의 해답을 얻기는 불가능해 보이며, 군사력 증강 게임은 계속될 수밖에 없을 것이다.

당분간 지금 수준과 같은 비율의 국방비 지출이 불가피하다면 늘어나는 국방비를 효율적으로 지출하는 것이 무엇보다도 중요하다. 기존 연구들을 보면 한국의 경우 국방비 지출이 경제성장을 저해하지는 않는다는 결론을 낸 경우가 많다. 물론 경제성장을 저해하지 않는다는 것이 경제성장을 촉진한다는 것을 의미하지는 않는다. 향후 국방비는 보다 경제성장을 촉진하는 방향으로 지출구조를 개편할 필요가 있다. 국방비는 절대 규모의 증감만 신경 쓸 것이 아니라 사용상의 효율성 제고라는 측면에 중점을 두어야 한다는 것이다. 예를 들어 국방R&D(연구 개발 Research and development)투자를 잘 활용하여 민간과 군대가 함께 쓸 수 있는 기술을 개발한다면 이는 군대는 물론 국가경제에도 크게 기여할 것이다. 우리가 일상 생활에서 사용하는 인터넷기술이 군대에서 개발된 기술이라는 점은 널리 알려진 사실이다. 국방SOC(사회 간접자본 Social overhead capital)도 유사한 효과를 낼 수 있다. 군용으로 개발된 비행장을 평상시에는 민간비행기가 활용할 수도 있다. 군인으로 복무하는 기간이 한국 젊은이들의 인적자원을 개발하고 향상하는 기회가 되도록 만들어야 한다. 국방과 경제가 같이 발전하는 미래지향적 군경관계를 만들어야 한다.

공동경비구역에서 나와 도라전망대를 방문하니 이곳에는 이미 수많은 관광객이 있었다. 들리는 바로는 주로 일본인과 중국인들이었다. 개성에서 12km 동남방향에 위치한 도라전망대에서는 송악산, 개성시내 그리고 개성공단을 바로 눈앞에서 볼 수 있다. 망원경으로 개성공단을 보니 (주)호산XXX라는 한국 기업의 상표도 보이고, 한국산업인력공단이라는 안내판도 보인다. 사천강이 임진강으로 향하는 모습을 볼 수 있고, 신1번 국도와 경의선이 비무장지대와 군사분계선을 넘어 사천강을 횡단하는 모습도 볼 수 있다. 그러나 다른 한쪽에는 비운의 역사를 간직한 돌아오지 않는 다리가 있고, 남쪽 비무장지대에 있는 대성동 자유의 마을과 북쪽 비무장지대에 있는 기정동 선전마을이 대치하고 있다. 대성동 자유의 마을에 있는 국기게양대의 높이가

100m이고, 기정동 선전마을에 있는 게양대의 높이가 160m이다. 남북한의 치열한 경쟁의 역사를 보여주고 있는 부질없는 자존심의 높이다. 그리고 도라전망대 바로 옆에는 북한군의 제3땅굴이 있다. 땅굴은 주로 바위 지대를 뚫어서 만들어져 있었다. 고개를 약간 숙여서 땅굴 내부의 북쪽으로 걸어가는 동안 바위 사이에서는 물방울이 쉼 없이 떨어지고, 조금씩 떨어진 물은 3/1000도 각도로 기울어진 수로를 따라 북으로 흘러가고 있었다.

남북출입국사무소를 방문하니, 문소장님이 우리 일행을 반갑게 맞아주셨다. 남북출입국사무소의 영문표기는 Inter Korea Transit Office였다. 남북을 Inter Korea라고 번역한 것이 눈에 띈다. 인천공항이나 외국의 국경에서는 Immigration Office(이민국)라는 표현을 쓰며, Transit이라는 용어는 주로 이 지역을 경유해서 비행기나 배를 환승하는 것을 의미한다. 남북한간의 왕래는 법적으로 국가간의 왕래가 아닌 것이다. 다른 나라를 방문할 때 방문국의 비자를 받는 것과는 달리, 북한의 개성공단을 출입하는 경우에는 북한 비자를 받는 것이 아니라 방북증명서를 이용한다. 이민국 직원들이 법무부 소속임에 반해 남북출입국사무소의 문 소장님은 법무부 소속이 아니라 통일부 소속의 공무원이었다.

남북출입국사무소의 바로 옆에는 도라산역이 있다. 도라산역은 군사분계선에서 남쪽으로 2.3km 떨어져 남방한계선에 걸쳐져 있고, 서울에서 56km, 평양에서 205km 떨어진 지점에 위치해 있다. 서울에서 출발하는 경의선은 임진강역에서 도라산역을 거쳐 장단·판문·봉동·손하를 거쳐 개성으로 연결되며, 궁극적으로는 신의주까지 연결되어 있다. 도라산역에서 현황을 설명해주신 KORAIL의 윤 과장님은 남북이 기찻길을 연결한 이후 처음 북한지역으로 향했던 열차를 운행한 베테랑 기관사였다. 윤 과장님의 설명에 의하면 2008년 북경올림픽이 열릴 때 남북 공동응원단을 구성하고, 남쪽의 응원단이 남북 기찻길을 이용해 중국으로 가는 계획이 있었다고 한다. 이를 위해 먼저 북한지역의 경의선 선로를 점검할 기회가 있었는데, 경의선 기찻길 상태가 양호했으며, 특히 평양에서 신의주까지의 기찻길은 선로 상태가 매우 양호했다고 한다. 북한의 일부 지선 철도는 협궤이지만, 경의선 전 구간은 표준궤이기 때문에 남쪽에서 출발한 기차가 선로를 따라 신의주까지 가는 데는 아무런 문제도 없다고 한다. 결국 중국땅을 거치는 TCR(중국 횡단철도Trans-Chinese Railway), 중국과 몽골을 거치는 TCMR(중국-몽골 횡단철도Trans-Chinese, Mongolian Railway)과 러시아를 거치는 TSR(시베리아 횡단철도Trans-Siberian Railway)을 이용하여 유럽으로 가는 열차는 기술적으로는 아무런 장애가 없다는 이야기다. 단지 사람들이 가진 불신과 불안감이 이 거대한 선로를 가로막고 있을 뿐이다.

도라산역에는 김대중 대통령과 부시 미국대통령이 함께한 사진이 큼지막하게 걸려 있다. 양국의 정상은 각자 방문록을 남겼는데 김대중 대통령이 남긴 내용은 "평화와 번영의 한반도시대"였다. 이를 본 순간 부시 대통령의 방문록이 궁금해졌다. "May This Railroad Unite Korean Families(이 철도가 한국인들의 가족 재결합에 도움이 되길 기원합니다)". 평화도, 번영도, 군축도, 경협도 아닌 가족의 재결합을 언급하는 절묘한 외교상의 방문록이었다.

돌아오는 길에 우연히 펼쳐본 신문에서 북한산 송이 300t이 반입된다는 기사가 눈에 들어왔다. 작년 국내 송이판매량이 38t이었는데, 무려 작년 판매량의 8배에 가까운 물량이 북한으로부터 반입된다고 한다. 올해에는 귀한 송이를 비교적 저렴한 가격으로 먹어볼 수도 있겠다는 희망이 샘솟는다. 그리고 남쪽으로 반입된 300t의 송이에 대한 대가로 북한 주민들의 식량난도 완화되기를 기대해본다.

파주 기행은 이렇게 끝이 났다. 땅굴과 도라전망대, 남북출입국사무소와

위 제3땅굴의 이방인 도라전
망대 바로 아래는 제3땅굴로
안보관광의 중요 관람지이다.
땅굴의 높이가 낮아 헬멧을
써야 한다. ⓒ조우혜

아래 갈라진 세계 제3땅굴
앞에 만들어진 조형물. 갈라
진 세계를 다시 잇는 염원을
상징하고 있다. ⓒ조우혜

도라산역, 개성공단과 파주LCD단지 그리고 공동경비구역이 존재하는 파주는 오늘날 분단 한국과 분단 경제를 상징적으로 그리고 실제적으로 보여주는 생생한 현장이었다.

파주기행과 함께 DMZ기행도 막을 내렸다. 물위의 DMZ를 해병대가 지키는 서해안지역, 규제와 반규제의 갈등 속에서 부동산거래소가 가장 많은 중서부지역, 천연의 생태가 천년의 비밀을 간직하고 있는 중동부지역, 그리고 금강산의 자태가 부러웠던 동해안지역까지 DMZ와 민통선지역은 서로 다른 색깔과 향기의 파노라마를 연출하고 있었다. 서해안 DMZ지역은 환황해경제권의 중심을 이룰 서울-인천-개성의 트라이앵글의 중핵으로 만들어나갈 필요가 있다. 중서부 DMZ지역은 경제적 개발가치가 극대화될 수 있도록 중앙단위의 계획과 특화된 장기개발계획이 절실하다. 중동부 DMZ지역은 행정구역을 통합하고, 최상의 보존계획을 수립하여 후대에게 영원히 물려줄 자연생태계의 보고를 만들 필요가 있다. 동해안 DMZ지역은 속초, 설악산, 금강산, 원산 등을 관통하는 환동해경제권의 중심지역으로 육성할 필요가 있다.

이 꿈들을 꾸는 지금 이 순간 남북한이 언제쯤 용의자의 딜레마에서 벗어날 수 있을지 긴 상념이 엄습해 온다.

# 냉전과 성장의 기묘한 조화

생명체의 생존 요건은 까다로우면서도 간단하다. 환경에 적응하고 적절하게 변신하면 살아남는다. 한민족의 애환과 상흔이 서려 있는 DMZ는 지금 변화를 꾀한다. 안보 관광지로, 생태의 보고로 탈바꿈 중이다. DMZ가 과연 냉혹한 이데올로기에 맞서면서 성공적으로 변신할 수 있을지 궁금하다.

이념거리 1,800m. 경기도 파주시 일대엔 체제가 다른 두 마을이 마주 보고 있다. 남측의 대성동 자유의 마을과 북측의 기성동 선전마을이다. 두 마을의 거리는 2km가 채 되지 않는다.

겉으론 한적하지만 물밑에선 보이지 않는 기싸움이 전개되고 있다. 이른바 국기 싸움이 그것이다. 대성동 자유의 마을에는 한국에서 가장 높은 국기게 양대가 있다. 높이만 해도 100m. 북한은 이보다 훨씬 높다. 무려 162m 높이에서 인공기가 펄럭인다. 한반도를 넘어 세계에서 가장 높은 국기게양대다.

냉전의 상흔이 서려 있는 파주시 판문점의 사정도 다르지 않다. 북측은

1994년 판문각(북한 쪽) 3층을 증축하면서 고의로 기울게 설계했다. 남측에서 바라봤을 때 더욱 웅장하게 보이게 하기 위해서다. 눈속임, 이를테면 꼼수다. 한국전쟁 이후 59년째 이어지고 있는 한반도 냉전, 파주시는 이 하릴없는 싸움에 오늘도 몸살을 앓고 있다.

## 하릴없는 국기 싸움 '언제까지'

파주는 산업·문화의 도시다. LCD산업단지는 파주의 자랑이다. 출판도시, 헤이리 등 문화예술 공간도 많다. 이 때문인지 파주의 경제 여건은 여느 DMZ 접경 지역과 크게 다르다. 무엇보다 인구가 연평균 7% 증가한다. 올 4월 인구수는 31만 9,906명. 내년에는 50만 명에 달할 전망이다. 분당, 일산을 훌쩍 넘어설 날도 멀지 않아 보인다. 입주해 있는 기업체도 많다. 대기업 6곳, 중소기업 104곳을 포함해 2,661개의 사업체가 이곳에 둥지를 틀고 있다. 종사자만 해도 4만 5,000명이 넘는다.

재정자립도 역시 DMZ 접경지역 가운데 유일하게 50%를 넘는다. 전국 시·군 중 23위에 해당한다. 이런 '나쁘지 않은' 경제 성적표가 의미 있는 것은 각종 규제를 딛고 거둔 실적이기 때문이다. 파주시 대부분은 수도권정비계획법상 성장관리지역에 해당한다. 이 지역은 계획적으로 산업을 관리하는 곳을 말한다. 공장총량규제가 적용되고 4년제 대학 신설은 금지된다. 이전, 증설만 허용될 뿐이다. 더구나 전체의 91%가 군사시설보호구역이다. 그야말로 사방팔방이 규제다. 시 관계자는 "파주 전역이 각종 규제에 묶여 있다고 해도 과언이 아니다"라고 하소연했다.

파주의 미래는 그래서 '무궁무진하다'는 평가를 받는다. 숱한 규제가 풀리면 날개를 달 것이라는 분석이 나온다. 특히 남북평화의 상징 거점이라는 강

기장동 마을 공동경비구역 인근의 북한 농촌마을인 기장동. 세계에서 가장 높은 깃대 위에 북한의 인공기가 펄럭인다. ⓒ이상엽

점도 가지고 있다. 개성—인천—강화를 잇는 환황해경제권의 인접지라는 것도 파주의 장점 중 하나다. 개성공단의 배후도시로 충분하다는 얘기다. 한나라당이 개성과 연계된 경제특구로 파주를 지목한 이유다.

지난해 여름, 한나라당 임태희 당시 정책위의장은 통일경제특구법 제정안을 제출했다. 골자는 파주시 일대에 개성공단에 버금가는 통일경제특구를 설치, 독립적 자유경제 지대로 운영하자는 것이다. 북한의 노동력을 활용하고, 특구에 입주한 내외국인 기업엔 각종 세제 혜택 및 자금 지원을 제공하는 내용도 들어 있다.

남북한 합의서가 체결될 경우 북한 주민의 체류 및 통행도 허용된다. 개성 공단이 남쪽 근로자가 북으로 올라가서 일하는 곳이라면 파주공단은 반대 개념이다. 북측이 동의하면 한반도 평화체제에 새로운 전기가 마련될 수 있다.


## 개성공단 역개념 파주특구 "성사될까"

파주의 장점은 또 있다. 안보 관광자원이 많다는 것이다. 서울에서 52km 지점엔 깊이 1,635m, 높이 2m 규모의 제3땅굴이 있다. 지금까지 발견된 땅굴 가운데 가장 크다. DMZ 지역 가운데 북한을 가장 가까이서 볼 수 있는 최북단 전망대 '도라전망대'도 있다. 이곳에선 개성 시내와 개성공단을 쉽게 볼 수 있다. 망원경을 이용하면 김일성 동상도 보인다.

DMZ 남방한계선에서 불과 700m 떨어져 있는 남측 최북단 국제역 도라산역도 볼거리다. 이 역은 분단의 상징적 장소인 동시에 후일 경의선 철도가 연결되면 남북 교류의 관문이라는 역사적 의미를 가지고 있다.

이뿐 아니다. 전체 면적 10만㎡에 이르는 도라산 평화공원은 비무장지대에서 1km도 채 떨어져 있지 않다. 파주는 심리적으로 멀게 느껴지는 DMZ를 손에 잡힐 듯 가깝게 만드는 곳이다. 이런 의미에서 경기도, 경기관광공사가 추진한 'KTX를 이용한 임진각 · 제3땅굴' 여행상품은 DMZ 관광의 새로운 분수령이 될 전망이다. DMZ를 손쉽게 관광할 수 있기 때문이다. 기본 코스는 '광주역―용산역―연계버스 환승―임진각―제3땅굴―도라전망대―도라산역―도라산 평화공원'이다.

경기도와 파주시는 새로운 DMZ 개발사업도 진행하고 있다. 역사와 생명 그리고 휴머니즘이 살아 숨 쉬는 안보관광 명소를 만들겠다는 게 이들의 포부다. 중심은 평화생태공원이다. 8만 6,892㎡ 규모로 조성되는 초평도 수리

새 에코타운은 벌써부터 주목을 끈다. 초평도는 임진강의 유일한 섬으로, 이곳에 총 사업비 197억 원을 들여 자연생태전시관, 습지관찰데크 등이 들어선다. 올 4월부터 공사가 시작됐는데 이르면 내년 말이면 준공돼 일반인의 출입이 가능할 전망이다.

이 밖에 68억 원을 들여 독개다리(자유의 다리)를 복원하고, 110억 원을 투입해 생태보전연구소, DMZ 전시관 및 홍보관을 건립할 계획이다. 19억 원의 예산을 들여 임진강 황포돛대 기반 조성 공사도 추진한다. 민통선 북쪽 임진강변 장단반도에서 연천군에 이르는 대규모 지역엔 계절별 생태체험 프로그램도 개발한다.

범국가적 차원에서 진행되고 있는 평화생명지대(PLZ) 랜드마크 사업도 주목된다. 파주시에는 128억 원의 예산을 투입해 경기평화센터, 일명 PLZ 랜드마크를 건립한다. 여기엔 갤러리, 전시관 및 홍보관이 들어선다. 도라산 평화공원에는 규모 6,350㎡의 한민족 소통 전시관을 짓는다.

하지만 일각에선 이런 대규모 관광지 개발에 우려의 눈초리를 보낸다. 파주가 전략적 요충지이기 때문이다. 제3땅굴의 사례를 봐도 그렇다. 제3땅굴을 통해서 병력 3만 명이 한 시간 내에 서울에 진입할 수 있다. 경기도와 파주시가 막대한 예산을 들여 군 경계력 보강사업을 병행 추진하는 이유가 여기에 있다.

계획에 따르면 통일대교 경관조명, 차량 순찰로, 자유로 초소 등 각종 군사시설 설치를 위해 100억여 원의 예산을 투입한다. 군軍 관계자는 "관광지 개발을 적극 협조하면서도 안보를 강화할 수 있는 방안을 강구하고 있다"고 말했다.

## 관광지 개발과 안보 강화 병행 추진

2007년 12월, 파주에서 새로운 역사가 펼쳐졌다. 문산—봉동(황해도 개성시 소재) 간 화물열차가 운행되기 시작한 것이다. 올 8월 현재 사람 336명, 열차 219대가 남북을 오갔다. 840억 원의 예산을 투입해 만든 도라산 물류센터도 웅장한 자태를 드러냈다. 하지만 성과는 미미하다. 화물열차는 2008년 12월 1일 중단된 이후 아직까지 경적소리를 내지 못하고 있다. 도라산 물류센터는 아직도 텅 비어 있다. 일일 물동량이 전혀 없을 정도다.

그렇다고 낙담할 필요는 없다. 북한에도 변화의 물결이 서서히 일고 있다. 북한 기성동 마을엔 사람이 살지 않았다. 그야말로 선전촌이었다. 그러나 2007년 이후 실제 거주자가 생겼다. 이들을 위한 단층 건물이 들어섰고, 일부 건물은 리모델링됐다. 군 관계자는 "빨래가 걸려 있는 것을 보면 사람이 실제 살고 있는 것으로 보인다"며 "개성공단에서 근무하는 북측 근로자가 거주하는 곳 같다"고 말했다. 냉전과 화해, 이 서로 다른 가치가 기묘하게 충돌하고 있다는 얘기다. 어쩌면 바로 이것이 파주 그리고 DMZ의 현주소일지 모른다.

# 자유로를 따라 북쪽으로

파주는 지금 수도권 도시들 가운데서도 가장 활기찬 도시 가운데 하나다. 자유로에 기대어 서울 서북부 지역으로 출퇴근을 하는 사람들이 모여 사는 베드타운이자 LG디스플레이 등의 대형 공장이 들어선 공업 도시이며, 출판도시와 헤이리 등 문화와 예술이 집적된 도시이기도 하다. 오늘의 파주는 이렇게 활기차고 분주한 도시지만 역사적으로 보자면 눈물겨운 사연들이 1,000년 전부터 켜켜이 쌓인 곳이기도 하다.

## 임금님들의 눈물로 얼룩진 임진강

신라의 마지막 임금이었던 경순왕은 천년의 사직을 왕건에게 빼앗기고 송악(지금의 개성)에서 왕건의 딸인 낙랑공주와 결혼해 노후를 보내게 되었다. 죽음보다 치욕적인 삶을 앞에 두고 그가 날마다 산마루에 올라 보이지 않는

신라新羅의 왕도王都를 향해 눈물짓던 곳이 바로 도라산都羅山이다. 개성으로 가는 기차가 출발하는 도라산역의 이름이 여기서 나왔고, 도라산역에 가면 바로 지척에 거대한 왕릉처럼 둥글둥글하게 생긴 이 산을 볼 수 있다. 산의 모양이 둥글둥글하게 생겨서 '도라'라는 이름이 생겨났다는 설도 있다. 바로 그 앞을 흐르는 임진강에는 지금도 경순왕의 눈물이 흐르고 있다. 그의 무덤은 인근 연천군의 민통선 안에 있다.

임진강에 눈물을 쏟아부은 또 한 사람의 임금님은 임진왜란으로 피난길에 나선 선종이었다. 율곡의 길 안내로 한양을 떠나 벽제를 거쳐 파주에 당도했을 때 빗속에서 밭일을 하던 농사꾼들은 '나라님이 우리를 버리고 도망하니 누구를 믿고 산단 말이냐'며 통곡했다고 한다. 달빛은커녕 비만 추적추적 내리는 야음을 틈타 선종은 겨우 임진강을 건너고 개성으로 향했다. 파주목사와 장단부사가 밤 늦게야 수라를 준비했으나 하인들이 달려들어 임금의 밥을 빼앗아 먹고 폭도로 돌변하기도 했다. 나중에 율곡이 제자들을 모아놓고 글을 가르치던 정자인 화석정 어름에서 있었던 일이다. 선종이 흘린 눈물도 임진강 푸른 물에 보태졌다. 나중에 피난을 마치고 다시 서울로 돌아올 때 명나라 군사들은 널빤지로 다리를 만들어 임진강을 건넜다고 하며, 그 이후 마을이름은 널문리를 거쳐 판문리가 되었고, 여기서 우리 귀에 익숙한 판문점의 명칭이 생겨났다.

## 강을 따라 북쪽으로

자유로를 타고 한강의 흐름을 따라 서쪽으로 가다보면 행주산성이 나오고, 여기서부터 군인들이 철책을 지키는 실질적인 민통선이 시작된다. 자유로 옆에 나란히 철책이 이어지고 그 너머 한강은 배들이 다니지 못하는 통제

앞의 사진 **철책과 코스모스**
자유로 갓길에는 지금 코스모스가 한창이다. 하지만 계절이 지나도 그 너머 철책은 여전하고 평화는 아직도 강 건너에 있는 듯 손으로 쉽게 만져지지 않는다. 처연한 아름다움이다. ⓒ조우혜

구역이다. 일산을 지나 파주 땅에 들어서면 제일 먼저 나오는 동네가 출판도시이며, 이어서 통일동산이 나타난다. 한강과 임진강이 만나 서해로 흘러나가는 지점이며, 오두산 통일전망대에 가면 북쪽의 헐벗은 산천과 가난한 마을들의 모습을 직접 볼 수 있다. 자유로를 타고 이 지역을 달릴 때마다 사람들은 강 건너 저편의 산천과 이편의 산천이 왜 그리 다른 모습인지 의아해하곤 한다. 강 건너가 바로 북한 땅이라는 사실을 곧잘 잊기 때문인데, 그야말로 너무 가까워서 믿기지 않는 탓이다. 자유로 바로 옆의 임진강 가운데가 다름 아닌 군사분계선이며, 그 너머는 북한 땅이다. 오두산 통일전망대 부근에는 예술마을 헤이리와 경기도 영어마을 파주캠프, 국가대표 축구팀의 연습장 등이 들어서 있으며, 먹고 마시고 노는 데 필요한 일체의 시설들이 주변에 산개해 있어 주말이면 자동차와 사람들의 발길이 끊이지 않는다.

통일전망대를 지나고 임진강을 거슬러 좀 더 올라가면 반구정이라는 정자가 나타난다. 황희 정승이 시문을 즐기던 정자로 알려져 있는데, 임진강의 경치를 한눈에 조망할 수 있는 언덕 위에 있다. 정자 바로 아래로 철책이 이어지고 철책 너머는 역시 군사분계선이다. 정자는 작고 아담하며 운치가 있어서 가파르고 좁은 산책로를 걷는 수고로움을 상쇄하기에 부족함이 없다. 정자 바로 아래에 이 정자의 이름을 딴 초대형 장어 음식점이 있는데 많은 사람들이 장어 맛만 보고 이 정자에는 잘 오르지 않는다.

반구정 어름에서 37번 국도를 타고 연천 쪽으로 향하다 보면 역시 임진강 나루터 근처에 화석정이 나타난다. 율곡이 제자들을 모아놓고 학문을 논하던 정자이며 앞서 소개한 선종이 비 오는 밤에 피난을 위해 임진강을 건너던 곳이다. 지금은 파주의 역사를 공부하는 학생들이 주로 찾는 곳이자 실향민들이 임진강 건너 개풍군 땅을 멀리서나마 바라보기 위해 찾는 곳이다.

## 임진각국민관광지

　자유로를 달려온 차들이 말 그대로 자유롭게 갈 수 있는 마지막 지점에 임
진각이 있다. 망배단과 자유의 다리, 노래비, 철도중단점 등의 시설이 갖춰져
있으며, 민통선 아닌 지역에 설치된 최대의 통일 및 안보 관련 관광지다. 놀
이시설과 공원도 대규모로 꾸며져 있으며 각종 행사와 축제가 펼쳐지는 곳이
기도 하다. 경의선 기차를 타고도 갈 수 있고 자가용으로도 갈 수 있어서 주
말마다 사람들이 많이 모인다.

　도라산역, 도라전망대, 제3땅굴, 허준 묘 등의 민통선 안 시설과 관광지를
둘러보는 여행도 기본적으로 이곳 임진각에서 시작된다.

## JSA와 민통선 안쪽

임진각 옆의 통일대교를 건너면 민통선 지역이다. 통일촌과 대성동 등 민간인 거주 마을들이 있고, 도라산역을 비롯한 남북교류 관련 시설들도 모두 이 안에 있다.

먼저 공동경비구역인 JSA는 한 마디로 민간인 출입 불가 지역이라고 생각하면 된다. 외국인 단체 관광객에 한해 출입이 허용되며, 내국인의 경우 국정원 심사를 비롯한 복잡한 과정들을 거쳐야 하기 때문에 현실적으로 출입이 매우 어렵다.

JSA 외에 도라산역과 도라전망대, 제3땅굴, 허준 묘, 통일촌 마을 등의 관광지는 민간인 출입이 비교적 자유롭지만 정해진 시간에 정해진 노선을 따라 움직이는 관광버스를 이용해야 한다. 임진각에서 출발하는 버스를 이용하며 출입에 필요한 절차도 여기서 받게 된다. 당연히 신분증이 필요하다.

도라전망대에서는 개성 시가지와 공단, 송악산의 모습을 볼 수 있으며, 개성이 파주에서 얼마나 가까운 곳인지 실감할 수 있다. 필자가 찾아간 날에는 날씨가 맑아서 개성공단 건물의 외벽에 쓰여 있는 글씨들이 보일 정도였다.

# 가슴 시린, 뻔한 풍경

● 민통선과 DMZ에 들어가 사진을 찍는다는 것은 기쁘기도 한 동시에 당혹스런 일이기도 하다. 금단의 땅으로 당당히 들어간다는 것은 약간의 우쭐함을 동반한 기쁨이지만 곧 그 평범하고 조금은 뻔해 보이는 풍경을 맞닥뜨리는 순간 당혹함을 감추지 못하기 때문이다.

사실 그곳이 함부로 들어가 사진을 찍을 수 있는 곳이 아니기에, 누군가 선택된 자만이 그곳에 들어가 일일이 간섭을 받아가며 찍어야 하기에, 우리는 그곳에 특별한 것이 존재하리라 믿게 된다. 하지만 그것은 곧 전쟁 후 59년 동안 방치된 황폐한 풍경일 뿐이라는 매우 사실적인 현실 앞에 곤혹스러움을 느끼게 된다.

도대체 이곳은 전쟁과 평화 사이의 어디쯤일까? 새벽녘 어스름 속 철조망 건너 흘러가는 물줄기도, 안개로 뒤덮인 울창한 숲과 드넓게 펼쳐진 논밭도 우리에게 이곳이 '전쟁'과 '평화' 사이 어디쯤 위치했는지 말해주진 못했다. 긴장으로 채워진 일상의 반복은 평화라는 이름으로 쉽게 포장되지만, 우리는 서쪽 끝부터 동쪽 끝까지 이어진 155마일의 철조망 사이에서 긴장이라는 새 살을 끊임없이 요구하게 된다. 그래야 뭔가 찍을 것 아닌가?

그리하여 우리는 4개월 동안 이어진 취재 중에 거대한 망원렌즈를 들고 분단의 풍경을 접수하러 다녔다. 하지만 병풍처럼 늘어선 산줄기의 아름다움도, 물안개가 피어오르던 깊은 계곡도, 고라니와 백로가 함께 물을 마시던 그 에덴동산도 그림의 떡일 뿐이었다. 가지 못해, 억지로 움켜쥐기라도 하듯 망원렌즈로 당겨보지만, 피사체만 커질 뿐 우리는 그곳으로 한 발자국도 다가서지 못한다. 결국 접수는커녕 우리는 계속되는 취재 속에 만나는 일상의 풍경에 접수당해 식상하고 뻔해 보이는 사진 속으로 침전했다.

이제 한 권의 책으로 묶어내는 지금 '우리가 원했던 사진은 무엇이었을까?'를 다시 고민한다. 그곳에서 우리는 비현실적인 한국을 보려 했을까? 누구도 본 일 없는 특종을 원했을까? 그러지 않았노라고 말할 수 없다. 그러나 우리는 그런 풍경을 보지 못했다. 그저 우리 땅을 보았을 뿐이다. 게다가 아픈 땅이었다. 소외되고 버려지고 시간이 멈춘 듯한 땅이었다. 하지만 우리는 이 뻔한 풍경에 가슴이 시렸다. 그리하여 우리는 이 땅을 사랑하기로 결심했다. 이곳의 사람, 동물, 풀 한 포기마저도 의미 없는 것은 없었기에, 이것을 기록하고 누군가에게는 보여주어야 하는 사진가이기에 그랬다. 먼 훗날 이 땅이 평화로울 때 우리의 사진이 '긴장'되었던 때를 떠올릴 교훈의 도구이길 기원한다.

사진가 _ 이상엽 · 조우혜

KODEF 안보총서 ㉓

# DMZ, 유럽행 열차를 기다리며

김호기 · 강석훈의 현장에서 쓴 비무장지대와 민통선 이야기

초판 1쇄 인쇄 2009년 9월 23일
초판 1쇄 발행 2009년 9월 28일

지은이 | 김호기 · 강석훈 · 이윤찬 · 김환기
사  진 | 이상엽 · 조우혜
펴낸이 | 김세영
펴낸곳 | 도서출판 플래닛미디어

주소 | 121-839 서울 마포구 서교동 381-38 3층
전화 | 3143-3366
팩스 | 3143-3360
등록 | 2005년 9월 12일 제 313-2005-000197호
이메일 | webmaster@planetmedia.co.kr

ISBN  978-89-92326-57-5  03390

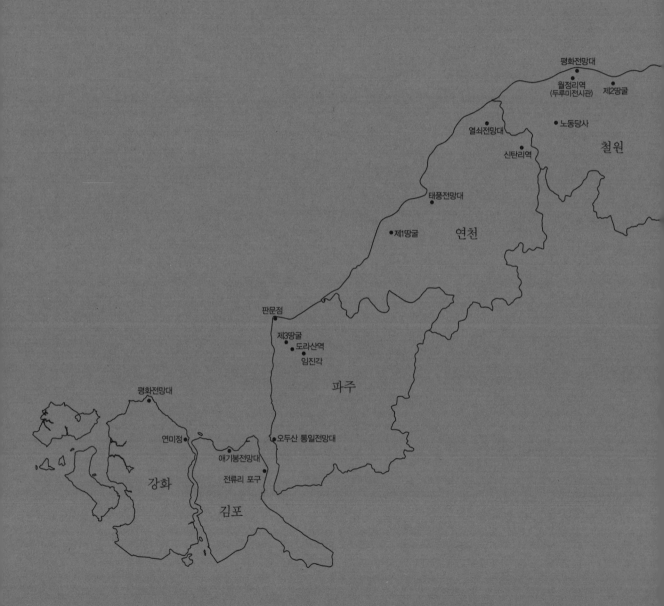

평화전망대
월정리역
(두루미전시관)
제2땅굴
열쇠전망대
노동당사
신탄리역
철원
태풍전망대
제1땅굴
연천
판문점
제3땅굴
도라산역
임진각
파주
평화전망대
연미정
오두산 통일전망대
애기봉전망대
강화
전류리 포구
김포

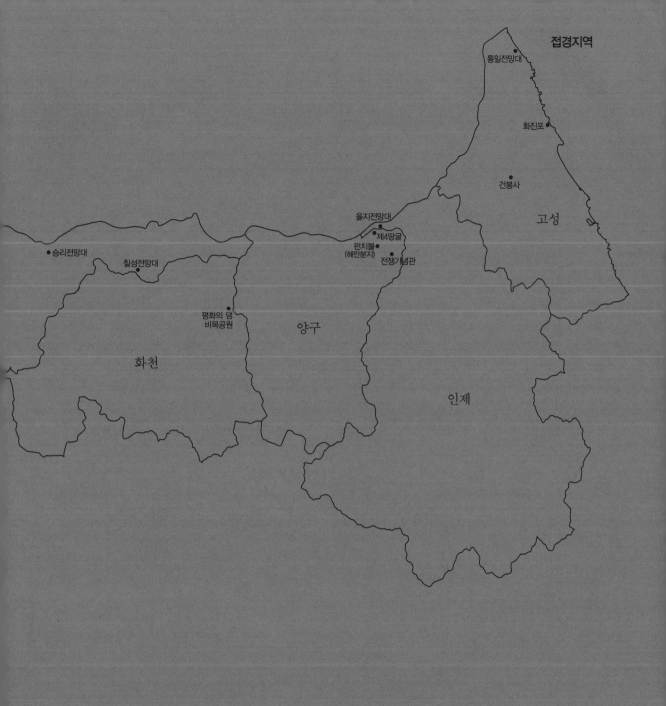

접경지역

통일전망대

화진포

건봉사

고성

을지전망대

제4땅굴

펀치볼
(해안분지)

전쟁기념관

승리전망대

칠성전망대

평화의 댐
비목공원

양구

화천

인제